国家示范性高等职业院校优质核心课程改革教材

建筑制图与 CAD

主　编　曹雪梅　蔡　静
主　审　杨露江

人民交通出版社

内 容 提 要

本书是国家示范性高等职业院校优质核心课程改革教材。该书根据行动导向模式，设计了制图基本知识、形体投影图的绘制和识读、剖面图与断面图的绘制和识读、轴测图的绘制、专业工程图的识读、用CAD绘制专业建筑施工图六个学习任务。

本书适用于高等职业技术院校建筑工程技术专业学材，也可用作相关技术人员的参考用书。

图书在版编目（CIP）数据

建筑制图与CAD / 曹雪梅，蔡静主编．—北京：人民交通出版社，2011.2

国家示范性高等职业院校优质核心课程改革教材

ISBN 978-7-114-08805-6

Ⅰ. ①建… Ⅱ. ①曹…②蔡… Ⅲ. ①建筑制图-计算机辅助设计-应用软件，AutoCAD-高等学校：技术学校-教材 Ⅳ. ①TU204

中国版本图书馆CIP数据核字（2010）第245936号

书　　名：国家示范性高等职业院校优质核心课程改革教材
　　　　　建筑制图与CAD
著 作 者：曹雪梅　蔡　静
责任编辑：戴慧莉
出版发行：人民交通出版社
地　　址：（100011）北京市朝阳区安定门外外馆斜街3号
网　　址：http：//www.ccpress.com.cn
销售电话：（010）59757969，59757973
总 经 销：人民交通出版社发行部
经　　销：各地新华书店
印　　刷：北京交通印务实业公司
开　　本：787×1092　1/16
印　　张：4.5
字　　数：96千
版　　次：2011年2月　第1版
印　　次：2012年9月　第2次印刷
书　　号：ISBN 978-7-114-08805-6
定　　价：12.00元

四川交通职业技术学院
优质核心课程改革教材编审委员会

序 Xu

为贯彻教育部、财政部《关于实施国家示范性高等职业院校建设计划，加快高等职业教育改革与发展的意见》（教高【2006】14号）和《关于全面提高高等职业教育教学质量的若干意见》（教高【2006】16号）精神，作为国家示范性高等职业院校建设单位，我院从2007年开始组织探索如何设计开发既能体现职业教育类型特点，又能满足高等教育层次需求的专业课程体系和教学方法。三年来，我们先后邀请了多名国内外职业教育专家，组织进行了现代职业技术教育理论系统学习和职业技术教育课程开发方法系统的培训；在课程开发专家团队指导下，按照“行业分析，典型工作任务，行动领域，学习领域”的开发思路，以职业分析为依据，以培养职业行动能力为核心，对传统的学科式专业课程进行解构和重构，形成了以学习领域课程结构为特征的专业核心课程体系；与企业专业技术人员共同组成课程开发团队，按照企业全程参与的建设模式、基于工作过程系统化的建设思路，完成了10个重点建设专业（4个为中央财政支持的重点建设专业）核心课程的学材、电子资源、试题库、网络课程和生产问题资源库等内容的建设和完善，在课程建设方面取得了丰厚的成果。

对示范院校建设工程而言，重点专业建设是龙头；在专业建设项目中，课程建设是关键。职业教育的课程改革是一项长期艰苦的工作，它不是片面的课程内容的解构和重构，必须以人才培养模式创新为核心，实训条件的改善、实训项目的开发、教学方法的变革、双师结构教师团队的建设等一系列条件为支撑。三年来，我们以课程改革为抓手，力图实现全面的建设和提升；在推动课程改革中秉承“片面地借鉴，不如全面地学习”，全面地学习和借鉴，认真地研究和实践；始终追求如何在课程建设方面做出中国特色，做出四川特色，做出交通特色。

历经1 000多个日日夜夜的辛劳，面对包含了我们教师团队心血，即将破茧的课程建设成果的陆续出版，感到几分欣慰；面对国际日益激烈的经济的竞争，面对我国交通现代化建设的巨大需求，感到肩上的压力倍增。路漫漫其修远兮，吾将上下而求索！希望更多的人来加入我们这个团结、奋进、开拓、进取的团队，取得更多更好的成果。

在这些教材的编写过程中，相关企业的专家给予了很多的支持与帮助，在此谨表示衷心的感谢！

四川交通职业技术学院院长

前　言

《建筑制图与CAD》是土建类专业一门实践性很强的专业基础课，同时也是土建工程技术人员学习绘图和识图技能的必修课。

本学材力争体现职业岗位工作过程的内涵，并模拟职业岗位工作过程开展教学活动，采用工学结合和行动导向的教学方法，努力实现教育与岗位的零距离对接，从而有效地形成职业行动能力。在编写本学材的时候，充分考虑到了要重视实践操作能力的教学思想，将理论贯穿于一系列的学习任务中。因此，结合以上知识要点，组织编写了本学材。

本学材根据行动导向模式，设计了制图基本知识、形体投影图的绘制和识读、剖面图与断面图的绘制和识读、轴测图的绘制、专业工程图的识读、用CAD绘制专业建筑施工图六个学习任务。每个学习任务包括任务描述、学习目标、任务实施和任务评价四个部分。通过这些学习任务的练习，让学生学会实践操作，并在实践操作中巩固理论知识。

本学材是集体智慧的结晶，由曹雪梅、蔡静主编，由四川省纺织专科学校建筑工程系系主任杨露江主审。学材学习任务1～学习任务3由曹雪梅编写，学习任务4～学习任务6由蔡静编写。在本书编写过程中，得到了中建二局四川装饰分公司刘小飞经理，大连职业技术学院唐舵、李英老师，成都农业科技职业学院建筑工程学院冯光荣院长，成都衡泰工程管理有限公司薛昆高工的大力支持和帮助，在此表示衷心的感谢。

由于编写时间仓促和经验不足，该学材还存在不足之处，敬请大家指教，以便我们在今后的工作中不断地改进和完善。

编　者

2010年10月

目　　录

学习任务1　制图基本知识

一、任务描述

形体构成的规律是:点连线,线围面,面围体。如图 1-1 ~ 图 1-3 所示,台阶是由三个形体组合而成,每一个形体又是由许多个面围成,每一个面又是由许多条线围成,每一条线又是由两个点连接而成。

要完成台阶的三面投影图的绘制,就要了解投影的基本知识、绘图的一般步骤及要求;熟练掌握制图工具和仪器的使用方法,有关国家制图标准的基本规定,正投影图的形成和特性,点、线、面的正投影及其规律。

图 1-1　台阶立体图

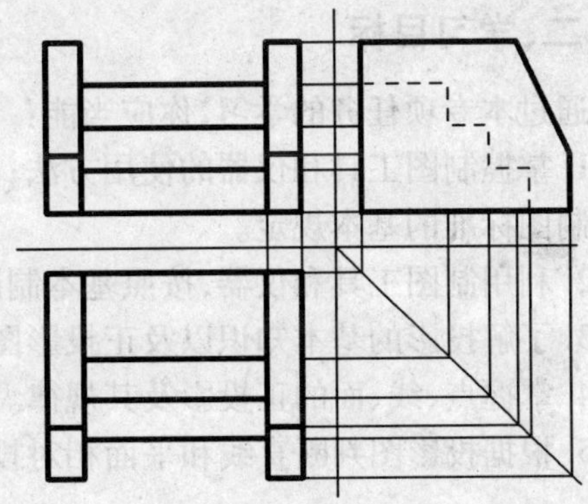

图 1-2　台阶三面投影图

要完成台阶的三面投影图,就要在点、线的投影基础上,先完成面的投影,如图 1-4 所示;再由面围成各形体(这个环节要在下一学习任务完成后才能实现),如图 1-5 所示;在各形体的三面投影基础上再组合完成台阶的三面投影图(这个环节要在下一学习任务完成后才能实现)。

请根据如图 1-3a)所示形体一的立体图,完成 *ABHG*、*EFGA*、*BCIH* 平面的三面投影图的绘制,并判断平面相对投影面的位置;根据如图 1-3b)所示形体二的立体图,完成形体二的三面投影图的绘制。

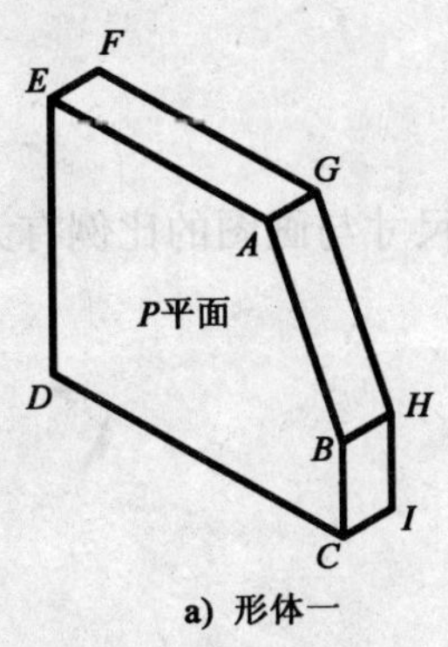

a) 形体一

b)形体二

c)形体三

图 1-3　台阶分解后的立体图

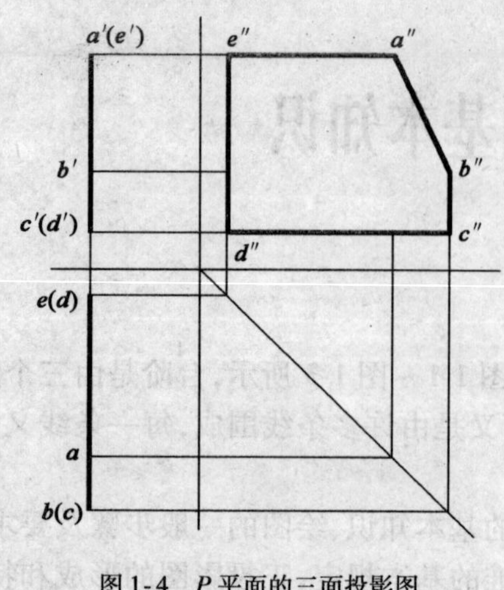

图 1-4　*P* 平面的三面投影图

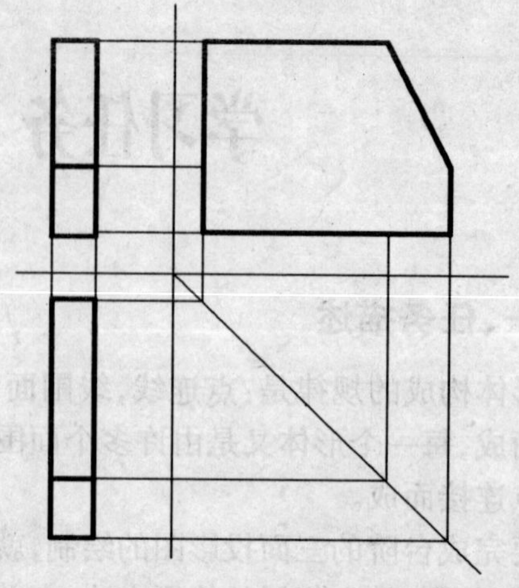

图 1-5　形体一、形体三的三面投影图

二、学习目标

通过本专项任务的学习，你应当能：

1. 掌握制图工具和仪器的使用方法；了解绘图的一般步骤及要求，同时还要熟练掌握有关国家制图标准的基本规定。

2. 利用制图工具和仪器，按照基本制图标准，用几何作图方式绘制工程图样。

3. 了解投影的基本知识以及正投影图的形成和特性。

4. 掌握点、线、面的正投影及其规律。

5. 根据投影图判断直线和平面相对投影面的位置关系。

三、任务实施

(一)引导问题

请收集相关资料，回答以下问题。

1. 图纸幅面有几种规格？标题栏、会签栏应画在图纸的什么位置？

2. 什么是比例？试解释比例“1∶5”的含义。图样上标注的尺寸与画图的比例有无关系？

3. 尺寸标注由哪几部分组成？试述这几个组成部分的基本规定。

4. 绘图中的可见轮廓线、不可见轮廓线及对称中线各用什么线形表达？作图线是细实线还是粗实线？

5. 标注半径、直径、球及坡度尺寸时，在尺寸数字前应分别加注什么符号？

6. 已知平面上非圆曲线上的一系列点，如何用曲线板将它们连成光滑的曲线？

7. 工程上常用的图示方法有哪几种？分别适用于什么条件？

8. 请描述正投影的特性。

9. 请描述形体三面投影图的形成及它们之间的三等关系。

10. 试描述点的投影规律。

11. 什么是重影点？如何判断空间内两点的相对位置关系？

12. 若点 A 和点 B 的 X、Y 坐标相等，点 A 的 Z 坐标大于点 B 的 Z 坐标，则点 A 在点 B 的______方；若点 A 的 X、Y、Z 坐标均大于点 B 的 X、Y、Z 坐标，则点 B 在点 A 的__________方；已知点 $A(15,20,30)$，则点 A 距 V 面的距离为__________，距 H 面的距离为____________，距 W 面的距离为____________。当点有一个坐标为 0 时，则该点一定在某一__________上，如点的________坐标为 0，则点在 H 面上；当点有两个坐标为 0 时，则该点一定在某一__________上，如点的 X、Y 坐标为 0 时，则该点在__________上；点 $O(0,0,0)$ 表示它的三个坐标均为 0，则该点是____________。

13. 按直线与投影面的相对位置不同，可将直线分为哪几种？它们各自的投影特性是什么？

14. 按平面与投影面的相对位置不同，可将直线分为哪几种？它们各自的投影特性是什么？

15. 互相平行、相交、交叉的两条直线，各有什么投影特性？

16. 在投影图中，平面有哪几种表示方法？

17. 点在平面上、直线在平面上的几何条件是什么？如何进行平面上取点、取线的投影作图？

18. 平面内特殊位置的直线有哪几种？各有什么投影特性？

19. 什么是平面的最大坡度线？

20. 根据投影图如何判断直线与平面是否平行?

21. 根据投影图如何判断平面与平面是否平行?

22. 直线与平面、平面与平面相交时,在投影图中要解决什么问题?当相关元素中有积聚投影时,如何求解其共有元素?如何判断投影图中的可见性?

(二)任务准备

在准备阶段,学生针对本项任务内容,以小组合作的方式独立查找与任务相关的信息,制订工作计划,做好本项任务准备。本项任务准备的主要内容有:学习准备和制图工具的准备。

1. 学习准备。

(1)制图标准及制图工具、仪器的使用。

①制图标准包括:图幅、标题栏、会签栏;线形;字体;比例;尺寸标注。

②制图工具和仪器的使用方法包括:铅笔的使用方法;图板、丁字尺、三角板的使用方法;比例尺的使用方法;圆规、分规的使用方法;曲线板的使用方法;模板、擦图片的使用方法。

③几何作图的知识点包括:制图的步骤与方法;几种常见的几何作图(等分已知线段与等分两平行线间的距离,作正多边形,圆弧连接)。

(2)投影的基本知识。

①投影的形成与分类的知识点包括:投影的概念;投影的分类;工程上常用的投影图。

②平行投影的特性包括:真实性;积聚性;类似性;从属性;定比性;平行不变性。

③三面正投影的知识点包括:三面投影体系;三面投影图的形成;三面投影图的对应关系。

(3)点、直线、平面的投影。

①点的投影的知识点包括:点的投影规律;点的投影与坐标;两点的相对位置。

②直线的投影的知识点包括:直线的投影规律;各种位置直线的投影;直线上点的投影规律;两直线的相对位置。

③平面的投影的知识点包括：平面的表示法；各种位置平面的投影；平面内的点和直线。

2. 制图工具的准备包括：三角板；铅笔；圆规、分规；橡皮擦；擦图片；图纸。

（三）任务实施

1. 分析如图 1-6 所示的尺寸标注是否正确，如果错误，请按正确的方法重新标注。

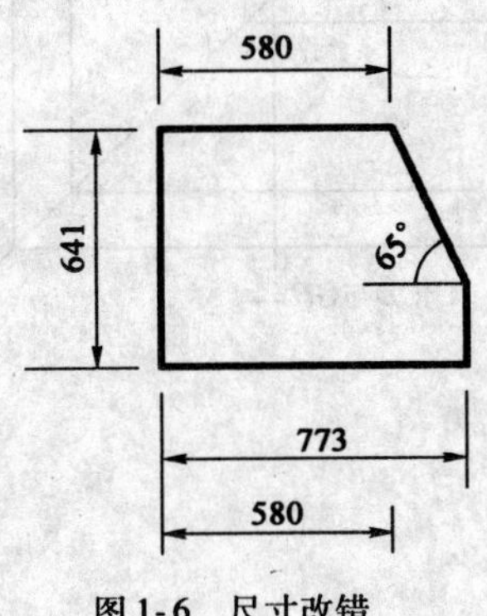

图 1-6　尺寸改错

2. 补画如图 1-7 所示的直线的第三投影，并判断直线相对投影面的位置。（注意图线的规范）

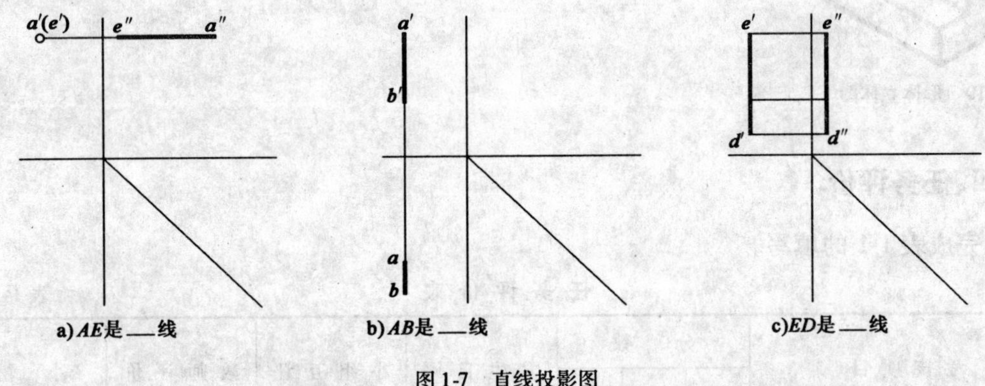

图 1-7　直线投影图

3. 补画如图 1-8 所示平面的第三投影，并判断直线相对投影面的位置。（注意图线的规范）

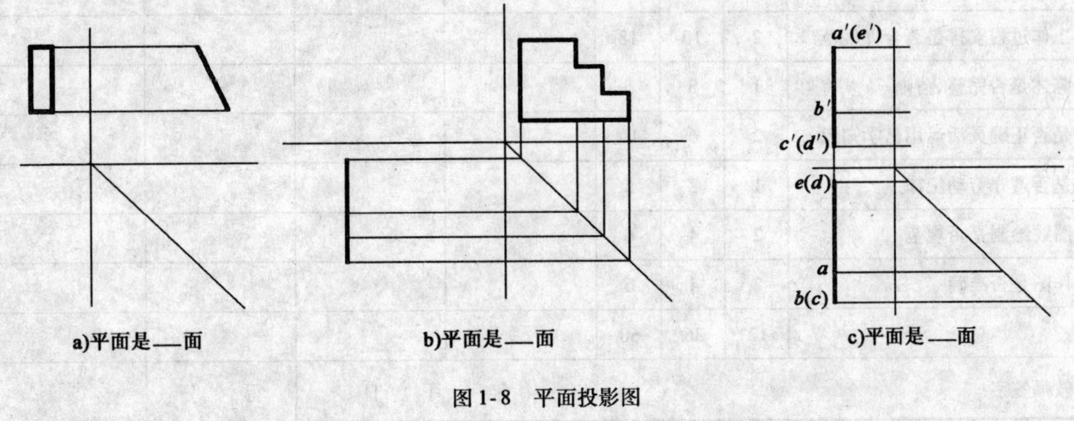

图 1-8　平面投影图

4. 判断如图 1-9 所示的两直线的相对位置。

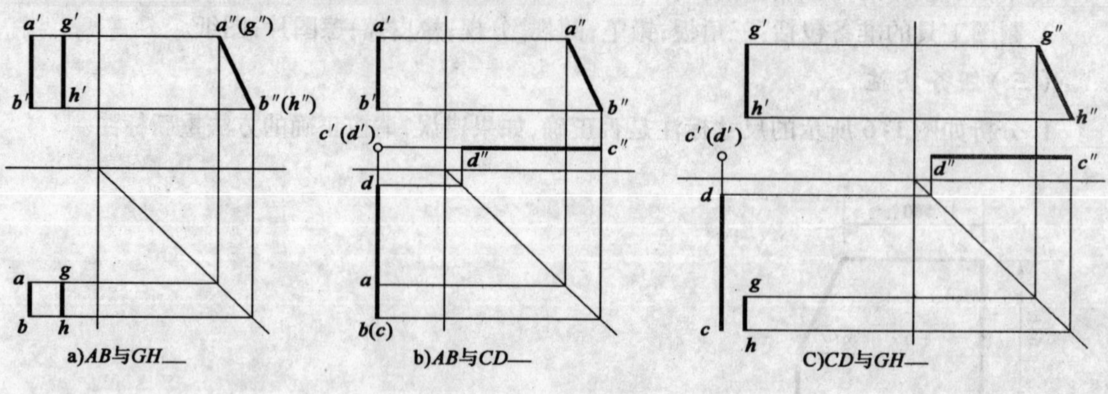

图 1-9　两直线相对位置图

5. 对照立体图(图 1-10)完成形体的三面投影图。

图 1-10　形体立体图

四、任务评价

1. 完成表 1-1 的填写。

任务评价表　　表 1-1

考核项目	分数			学生自评	小组互评	教师评价	小计
	差	中	好				
是否具备团队合作精神	1	3	5				
是否积极参与活动	1	3	5				
工作过程安排是否合理规范	2	10	18				
陈述是否完整、清晰	1	3	5				
是否正确灵活运用已学知识	2	6	10				
是否遵守劳动纪律	1	3	5				
图线绘制是否规范	2	4	6				
作图是否准确	2	4	6				
总计	12	36	60				
教师签字：				年　月　日		得分	

2. 自我总结。

(1)完成此次任务过程中存在的主要问题有哪些?

(2)产生问题的原因有哪些?

(3)请提出相应的解决方法:

(4)你认为还需加强哪方面的学习(可从实际工作过程及理论知识方面考虑)?

学习任务2　形体投影图的绘制和识读

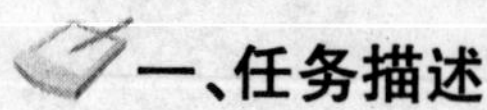

一、任务描述

在掌握点连线、线围面、面围体的形体构成规律后，无论形状多么复杂的工程形体，从几何学的角度来看，都可视为是由若干个基本几何体(柱、锥等)组合而成的。当我们绘制和阅读工程形体时，可以把它分解成若干个基本形体来研究，就能化繁为简，化难为易，如图2-1和图2-2所示。

在学好点、线、面投影的基础上，学习形体投影图的绘制和阅读，依然要遵循由简到难的步骤。即先学习简单基本立体投影图的绘制和阅读，再学习组合体投影图的绘制和阅读，为后面建筑工程图的绘制和识读做准备。

请根据图2-1所示台阶的立体图，完成台阶的三面投影图的绘制。

图2-1　台阶的立体图

图2-2　台阶分解后的立体图

二、学习目标

通过本专项任务的学习，你应当能：

1. 掌握基本体、组合体的投影特性。
2. 绘制基本体、组合体的三面投影图。
3. 阅读基本体、组合体的三面投影图。
4. 掌握基本体、组合体尺寸标注的基本规定。

三、任务实施

（一）引导问题

1. 什么是平面立体？

2. 什么是曲面立体、母线、素线、回转曲面？

3. 什么是截交线、相贯线？它们是怎样形成的？

4. 平面与圆柱相交时，产生哪几种截交线？

5. 平面与圆锥相交时，产生哪几种截交线？

6. 基本体尺寸标注的基本要求是什么？

7. 组合体的组合形式分为哪三类？

8. 组合体投影图的绘制方法有哪些？

9. 组合体尺寸标注的基本要求是什么？什么是定位尺寸、定形尺寸及总体尺寸？

10. 什么是形体分析？

11. 读图时应注意的问题有哪些？

12. 识读组合体投影图的基本方法有哪些？

(二)任务准备

在准备阶段，学生针对本项任务内容，以小组合作的方式独立查找与任务相关的信息，制订工作计划，做好本项任务准备。本项任务准备的主要内容有：学习准备和制图工具的准备。

1. 学习准备。

(1)形体的投影图画法。

①基本体的投影的知识点包括：平面立体的投影；曲面立体的投影；基本体的尺寸标注。

②截交线、相贯线的形成。

③组合体的投影的知识点包括：组合体的形体分析；组合体的三面投影的画法；组合体的尺寸标注。

(2)形体的投影图识读。

①基本体投影图的识读的知识点包括：平面立体投影图的识读；曲面立体投影图的识读。

②截交线、相贯线的识读。

③组合体三面投影图的识读的知识点包括：拉伸法；形体分析法；线、面分析法；阅读组合体三面投影图的步骤。

2. 制图工具的准备包括：三角板；铅笔；圆规、分规；橡皮擦；擦图片；图纸。

(三)任务实施

1. 根据形体的立体图(图 2-3 ~ 图 2-5)，完成形体的三面投影图的绘制。

特别提示：

画底图时，力求作图准确且轻描淡写；画图时，注意以下几点。

画图的先后顺序，一般应从形状特征明显的投影图入手，先画主要部分，再画次要部分；先画可见轮廓线，再画不可见轮廓线。

画图时，对组合体的每一组成部分的三面投影，最好根据对应的投影关系同时画出，不要先把某一部分的投影全部画好后，再画另外部分的投影，以免漏画线条。

图 2-3　形体立体图(一)

图 2-4　形体立体图(二)

图 2-5　形体立体图(三)

2. 补画组合体图 2- 6、图 2-7 的第三投影。

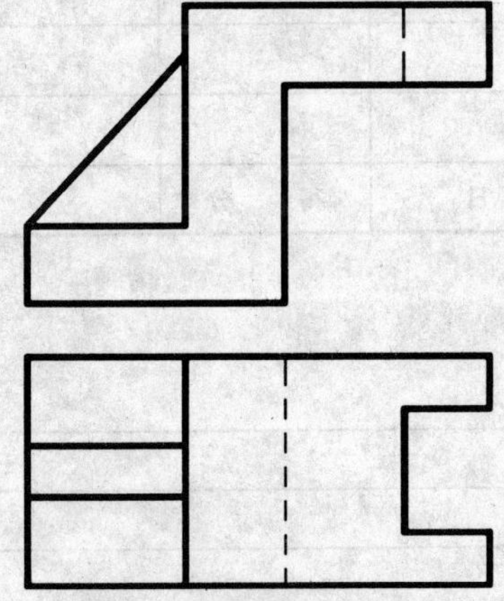

图 2- 6　组合体投影图(一)

图 2-7　组合体投影图(二)

3. 补画形体的投影图(图 2- 8、图 2-9)中缺少的图线。

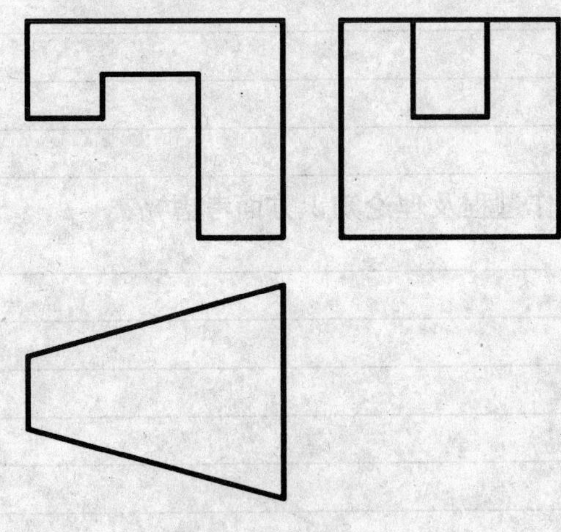

图 2- 8　形体投影图(一)

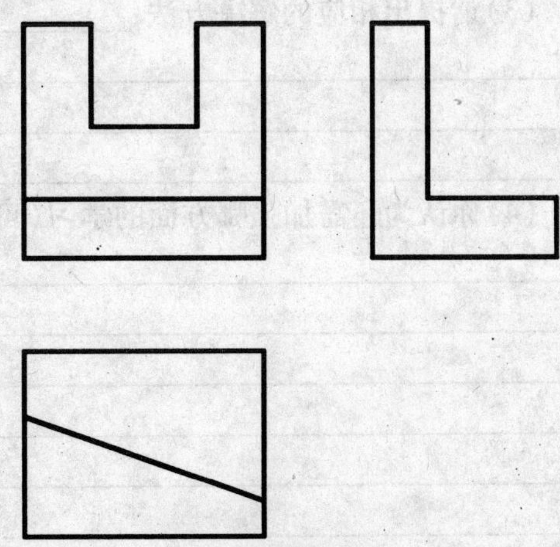

图 2-9　形体投影图(二)

四、任务评价

1. 完成表 2-1 的填写。

任务评价表 表 2-1

考核项目	分数			学生自评	小组互评	教师评价	小计
	差	中	好				
是否具备团队合作精神	1	3	5				
是否积极参与活动	1	3	5				
工作过程安排是否合理规范	2	10	18				
陈述是否完整、清晰	1	3	5				
是否正确灵活运用已学知识	2	6	10				
是否遵守劳动纪律	1	3	5				
图线绘制是否规范	2	4	6				
作图是否准确	2	4	6				
总计	12	36	60				
教师签字：				年 月 日		得分	

2. 自我总结。

(1)完成此次任务过程中存在的主要问题有哪些？

(2)产生问题的原因有哪些？

(3)请提出相应的解决方法：

(4)你认为还需加强哪方面的学习(可从实际工作过程及理论知识方面考虑)？

学习任务3　剖面图与断面图的绘制和识读

一、任务描述

通过前面的学习我们已经知道，使用正投影图能够反映空间形体的真实大小和形状，根据相关规定，形体上被遮挡部分的轮廓线用虚线来表示。对于比较简单的形体，这种表达方式非常直观、方便，但是对于构造比较复杂的形体，常会因为被遮挡部分使用的虚线太多而使阅读者感到混乱，特别是在阅读房屋建筑图时，过多的虚线会导致出现图形复杂、绘图繁琐、读图困难、易出差错等问题。即便是一般的形体，图中大量虚线的出现也会使阅读者感到读图困难。为此，在《房屋建筑制图统一标准》(GB/T 50001—2001)中规定了剖面图和断面图的表示方法。

如图3-1所示为剖面图在建筑工程中的实际应用。其中平面图是一个全剖面图，用来表示房屋的平面布置；1-1剖面图也是一个全剖面图，其剖切平面为侧平面，并且经过门和后墙的窗洞口。

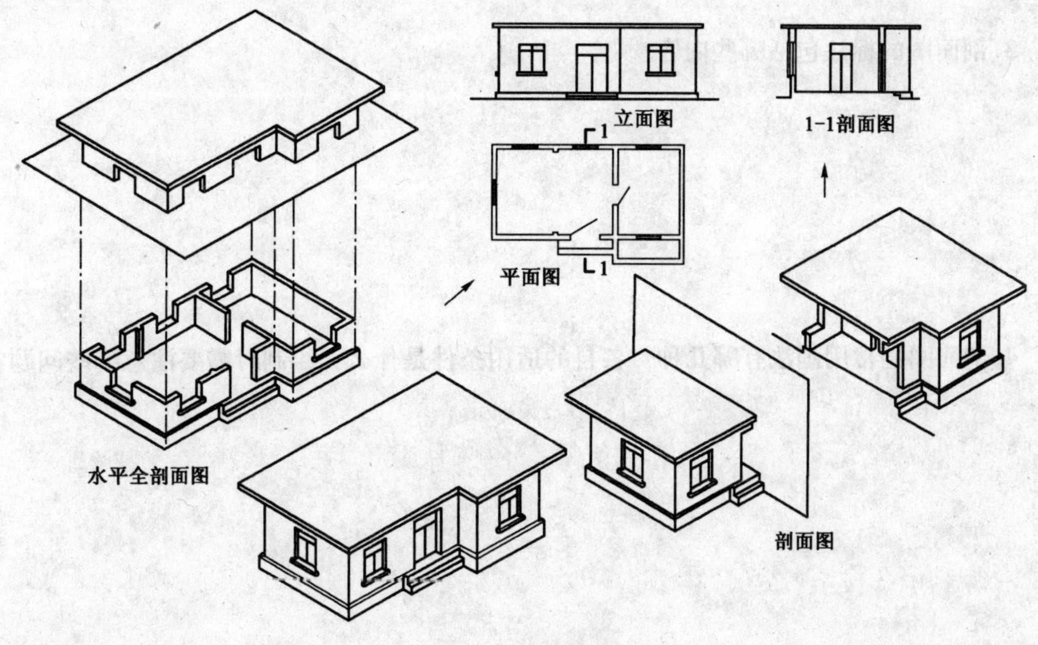

图3-1　应用案例

二、学习目标

通过本专项任务的学习，你应当能：

1. 掌握剖面图和断面图的图示特点。
2. 绘制剖面图和断面图。
3. 阅读剖面图和断面图。

三、任务实施

（一）引导问题

1. 剖面图是怎样形成的？

2. 为什么要作形体的剖面图？

3. 剖面图的标注包括哪些内容？

4. 剖面图的常用画法有哪几种？各自的适用条件是什么？绘制时需要注意哪些问题？

5. 断面图是怎样形成的？

6. 在什么情况下应作形体的断面图？

7. 断面图的种类有哪些？分别适用于哪些形体？怎样对其进行标注？

8. 剖面图与断面图有哪些区别和联系？

9. 工程图样中常使用哪些简化画法？

（二）任务准备

在准备阶段，学生针对本项任务内容，以小组合作的方式独立查找与任务相关的信息，制订工作计划，做好本项任务准备。本项任务准备的主要内容有：学习准备和制图工具的准备。

1. 学习准备。

（1）剖面图的绘制和识读。

①剖面图的形成。

②剖面图的画图步骤和读图方法。

③剖面图的分类包括：全剖；半剖；局部剖。

（2）断面图的绘制和识读。

①断面图的形成的知识点包括:断面图的概念;断面图的标注。

②断面图与剖面图的区别。

③断面图的分类包括:移出断面;重合断面;中断断面。

(3)简化画法。

①对称简化画法。

②相同要素简化画法。

③折断画法。

2. 制图工具的准备包括:三角板;铅笔;圆规、分规;橡皮擦;擦图片;图纸。

(三)任务实施

1. 阅读形体的三面投影图(图3-2)后,请作出1-1剖面图。

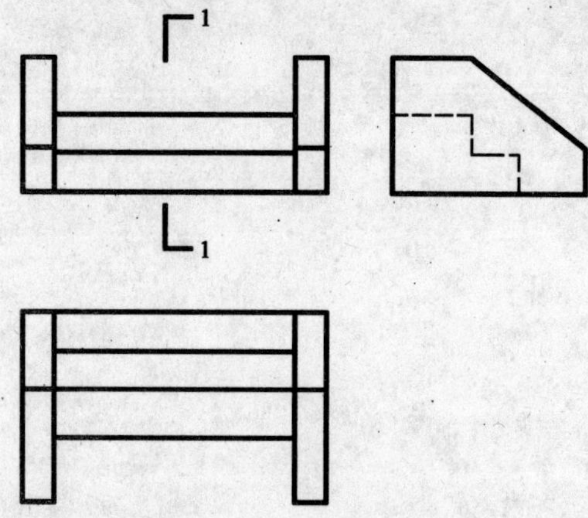

图3-2 形体的三面投影图

2. 阅读水池的两面投影图(图3-3)后,自行选择剖切位置,将其侧面投影图画成剖面图。

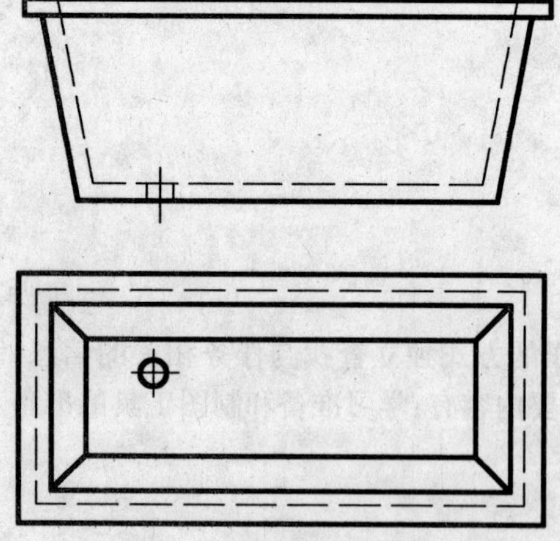

图3-3 水池的两面投影图

3. 请将形体的水平投影图(图 3-4)作成半剖面图。

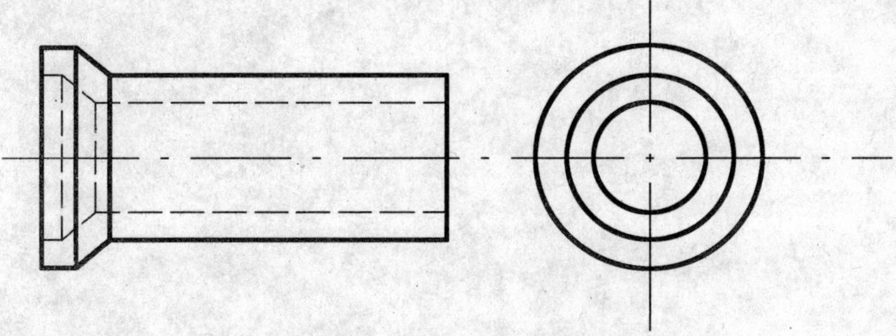

图 3-4　形体投影图(一)

4. 请根据形体的正面投影图(图 3-5)作成 1-1 阶梯剖面图。

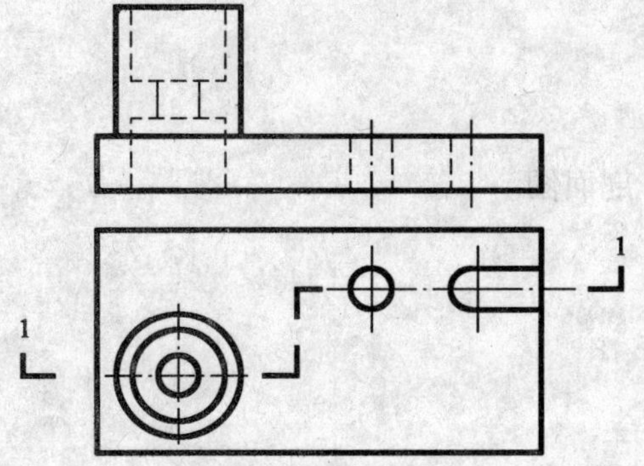

图 3-5　形体投影图(二)

5. 按已知的移出断面如图 3-6a)所示,请分别在图 3-6b)中画出中断断面,在图 3-6c)中画出重合断面。

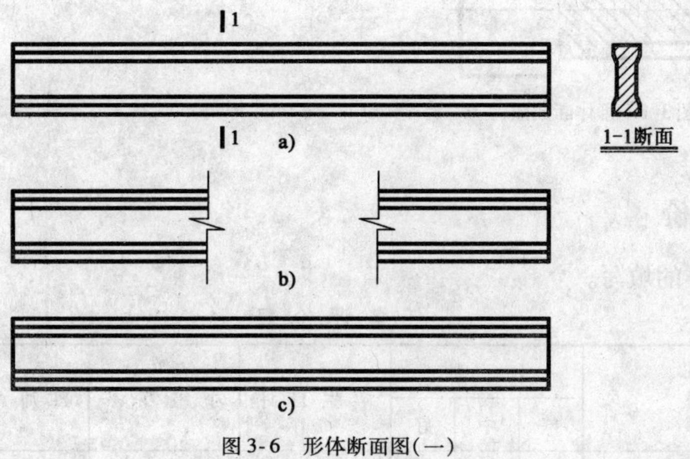

图 3-6　形体断面图(一)

6. 请作出形体(图 3-7)的 1-1、2-2、3-3 断面图。

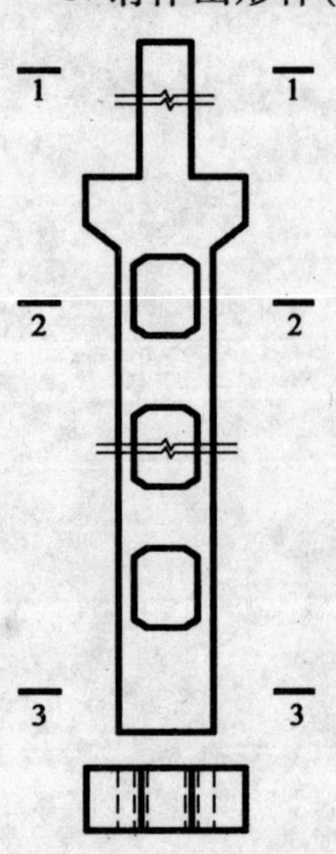

图 3-7　形体断面图(二)

7. 已知如图 3-8 中 1-1 断面图所示,请画出 2-2 剖面图。

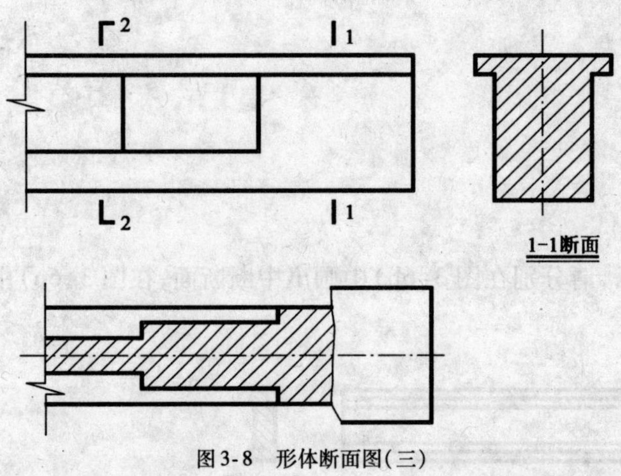

图 3-8　形体断面图(三)

四、任务评价

1. 完成表 3-1 的填写。

任务评价表　　表 3-1

考核项目	分数			学生自评	小组互评	教师评价	小计
	差	中	好				
是否具备团队合作精神	1	3	5				
是否积极参与活动	1	3	5				
工作过程安排是否合理规范	2	10	18				
陈述是否完整、清晰	1	3	5				
是否正确灵活运用已学知识	2	6	10				

续上表

考核项目	分数			学生自评	小组互评	教师评价	小计
	差	中	好				
是否遵守劳动纪律	1	3	5				
图线绘制是否规范	2	4	6				
作图是否准确	2	4	6				
总计	12	36	60				
教师签字：				年　月　日		得　分	

2. 自我总结。

(1)完成此次任务过程中存在的主要问题有哪些？

(2)产生问题的原因有哪些？

(3)请提出相应的解决方法：

(4)你认为还需加强哪方面的学习(可从实际工作过程及理论知识方面考虑)？

学习任务4　轴测图的绘制

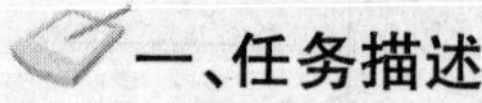

一、任务描述

轴测图是一种富有立体感的投影图，虽然不能准确地反映物体的实际尺寸和比例关系，但是它具有较强的立体感，因此在工程中常作为辅助图样帮助工程人员识图。请根据如图 4-1 和图 4-2 中所示物体的三面投影图，绘制物体的正等轴测图和斜二轴测图。

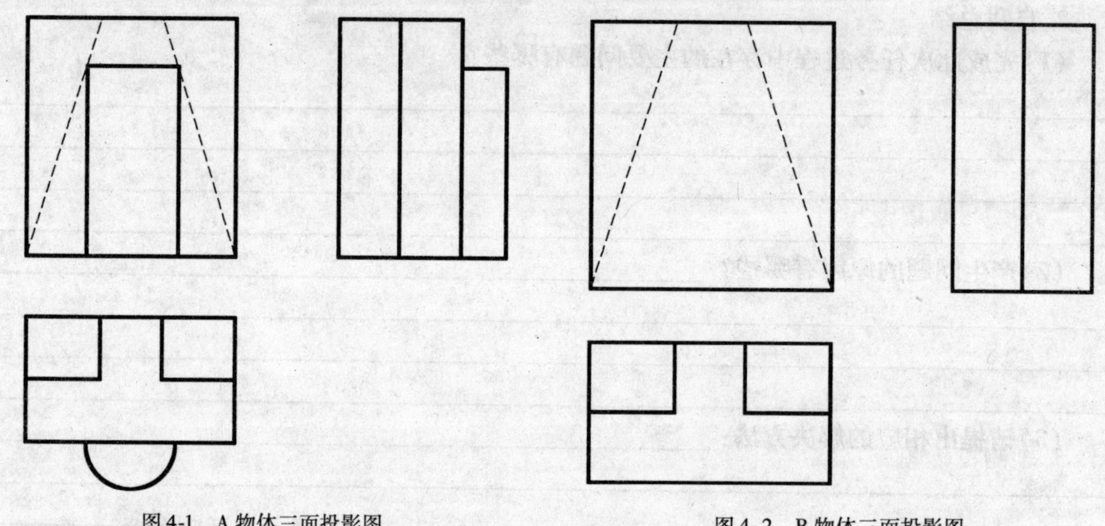

图 4-1　A 物体三面投影图

图 4-2　B 物体三面投影图

二、学习目标

通过本专项任务的学习，你应当能：

1. 掌握轴测投影的基本知识以及正等轴测图和斜二轴测图的形成和特性。
2. 利用制图工具和仪器，根据物体的三面投影图较熟练地绘制正等轴测图和斜二轴测图。

三、任务实施

（一）引导问题

请收集相关资料，回答以下问题。

1. 轴测图是如何形成的？它与三面投影图的形成有什么区别？

2. 正等轴测图和斜二轴测图在形成上有什么区别?

3. 请指出正等轴测图和斜二轴测图的轴间角和轴向变形系数各是多少?并分别用图示表示出来。

4. 轴测投影图的特性是什么?

5. 轴测投影图有几种作图方法?根据如图 4-1 所示的几何体,用哪种作图方法比较合适?为什么?

6. 如何用坐标法作出如图 4-1 所示几何体的轴测图?

7. 如果用切割法来作如图 4-2 所示几何体的轴测图,该几何体可以看成是由什么样的几何体如何切割而成的?

8. 如何用叠加法来作如图 4-1 所示几何体的轴测图？该几何体可以看成是由哪些几何体如何叠加而成的？

注意事项：

1. 轴测图中看不见的线一般不画。
2. 轴测图应由下到上、由左到右、由前到后进行绘制。
3. 坐标原点和坐标轴的选定应以作图简便为原则。

作图步骤：

1. 识读三面投影图分析几何体的形状与特性。
2. 确定坐标原点和坐标轴，画出轴测轴。
3. 根据几何体的特点，选择一种比较简便的作图方法。
4. 按由下到上、由左到右、由前到后的原则画图。
5. 检查所画图是否正确，并将可见轮廓线加粗。

（二）任务准备

在准备阶段，学生针对本项任务内容，以小组合作的方式独立查找与任务相关的信息，制订工作计划，做好本项任务准备。本项任务准备的主要内容有：学习准备和制图工具的准备。

1. 学习准备。
2. 制图工具的准备包括：三角板；铅笔；圆规、分规；橡皮擦；擦图片；图纸。

（三）任务实施

1. 请用坐标法作出如图 4-3 所示几何体的正等轴测图和斜二轴测图。

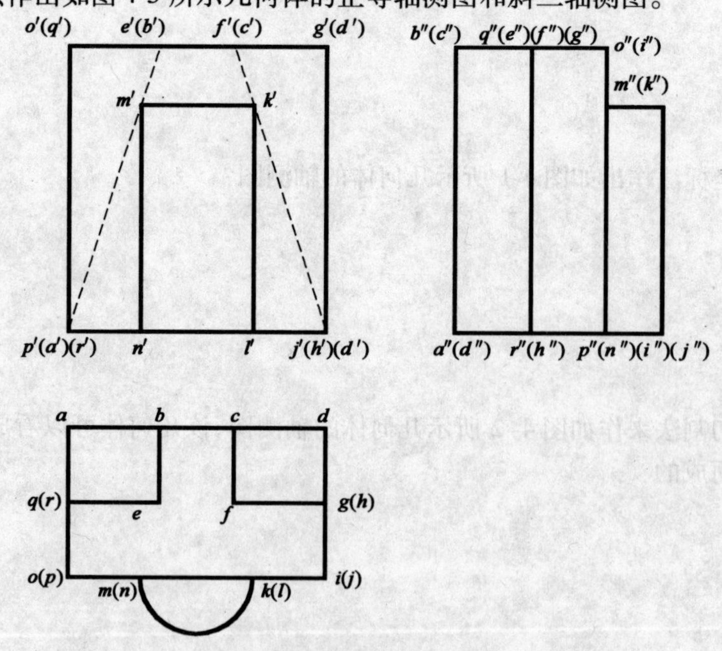

图 4-3 几何体的三面投影图（一）

2. 请用切割法作出如图 4-4 所示几何体的正等轴测图和斜二轴测图。

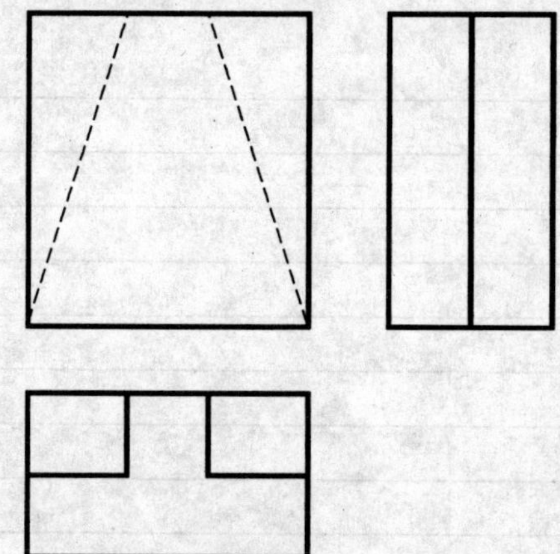

图 4-4　几何体的三面投影图(二)

3. 请用叠加法作出如图 4-1 和图 4-2 所示几何体的正等轴测图和斜二轴测图。

四、任务评价

1. 完成表4-1的填写。

任务评价表　　表4-1

考核项目	分数			学生自评	小组互评	教师评价	小计
	差	中	好				
是否具备团队合作精神	1	3	5				
是否积极参与活动	1	3	5				
工作过程安排是否合理规范	2	10	18				
陈述是否完整、清晰	1	3	5				
是否正确灵活运用已学知识	2	6	10				
是否遵守劳动纪律	1	3	5				
图线绘制是否规范	2	4	6				
作图是否准确	2	4	6				
总计	12	36	60				
教师签字：				年　月　日		得分	

2. 自我总结。

(1)完成此次任务过程中存在的主要问题有哪些?

____

____

____

(2)产生问题的原因有哪些? ______________________________

____

____

(3)请提出相应的解决方法: ______________________________

____

____

____

(4)你认为还需加强哪方面的学习(可从实际工作过程及理论知识方面考虑)?

____

____

____

____

____

____

____

____

学习任务5　专业工程图的识读

一、任务描述

建筑施工图是用来表示建筑物的规划位置、外部造型、平面布置、内外装修、细部构造、固定设施及施工要求材质等的情况，并按照国家标准绘制的专业图纸。它是进行施工组织、工程监理、造价控制和房屋建造的基础。因此，能否正确识读建筑施工图对建筑专业的学生来说显得格外重要。一套完整的建筑施工图一般包括以下内容：施工图首页（设计说明）、总平面图、平面图、立面图、剖面图和详图。作为一名建筑行业的工作人员，必须认真严谨地识读建筑图，不懂的地方要向建筑专业及建筑图上涉及的其他专业人员请教，准确把握建筑的设计构思和意图。本任务要求能准确识读如图 5-1 ~ 图 5- 6 所示的建筑工程图。（图纸内容来自土木工程网）

二、学习目标

通过本专项任务的学习，你应当能：

1. 掌握专业工程图的图示特点、房屋建筑施工图的组成及表示方法。

2. 识读建筑总平面图、建筑平面图、建筑立面图、建筑剖面图和大样图。

三、任务实施

（一）引导问题

请认真阅读建筑设计说明（图 5-1），收集相关资料，回答以下问题。

1. 建筑工程图应该按照什么标准的规定来绘制？

2. 建筑物按耐久年限划分为几级？各级的适用范围是什么？图 5-1 中建筑物的耐久年限是几级？

图纸目录

工程名称：	乳山市东风花园小区住宅楼4号			
编号	图别	图纸内容	规格	备注
01	建施01	建筑说明；图纸目录	1#	
02	建施02	底层平面图；标准层平面图；详图	1#	
03	建施03	六层平面图；跃层平面图；详图	1#	
04	建施04	屋顶平面图；详图；门窗表	1#	
05	建施05	①~㉓、㉓~①轴立面图；详图	1#	
06	建施06	侧立面图；剖面图；详图	1#	

建筑设计说明

一、工程概况

工程名称：乳山市东风花园小区住宅楼4号；
建设地点：乳山市内；
总建筑面积：4192m²；
建筑耐久年限：二级；
建筑耐火等级：二级；
主要结构类型：框架结构；
建筑物抗震设防烈度：六度；
建筑层数：地上6层；
建筑高度：21.4m。

二、设计依据

1.《建筑设计防火规范》(GB 50016—2006)；
《民用建筑设计通则》(GB 50352—2005)；
《住宅设计规范》(GB/T 50096—99)；
《建筑节能设计规范》(DBJ 14—S—98)。
2.国家及省、市有关法规和规定。
3.该工程的水文地质勘察报告。

三、工程说明

1. 室内地坪标高为±0.000，室内外高差为0.45m。
2. 图中所标注的尺寸除标高及总平面图以米为单位外，其余均以毫米为单位标注。
3. 檐沟采用成品硬聚氯乙烯(PVC-U)雨水管。
4. 土建工程应与各专业设计图纸密切配合施工，预留孔洞和预埋件的大小、位置均应设置正确，不得后期乱凿乱剔。如果各专业图纸之间有矛盾之处，需经建筑师处理并许可后方可施工。
5. 本工程各层管井在管道安装完毕后，楼板孔洞均应后浇钢筋混凝土，使楼板封闭，管道周围用防火材料填塞密实。
6. 预埋铁件均应做防锈处理，预埋木砖做防腐处理，相关的处理方法和技术详见国家有关施工验收规范。
7. 凡像卫生间用水量大的房间的地面、楼面、墙面均做防水处理，做法见“做法说明”。穿楼面上下水管周围均嵌防水密封膏。楼地面均比相应地面低20mm，地面找坡1%且坡向地漏，地面上返200mm高素混凝土与楼板一次整浇，地面防水沿墙四周上返至顶。卫生间管道井井壁待施工后用铝塑板封包。
8. 建筑室内装修设计应按《建筑内部装修设计防火规范》(GB 50222—1995)规定和“建筑做法”进行设计，装修施工前必须经本设计项目负责人审核签字后方可按图纸施工。
9. 本工程所用建筑材料必须有国家鉴定部门出具的“合格产品”报告方可选用，进场新产品尚应按规定批量抽，目的在于检验是否符合原鉴定方案。
10. 所有内、外装在修应先做样板，经项目设计人同意后方可大面积施工。
11. 本工程中防水剂和防水卷材的施工必须由生产厂家现场指导方可施工。
12. 凡室内水管，给排水、暖气管穿楼板时需加设套管，套管上皮应高出地面20mm，管道穿楼板四周均需嵌防水密封膏。
13. 雨水管安装见图集《屋面》(L01J202)的第97页，本工程地下室层高为2.200m；标准层层高2.800m。
14. 施工时，各专业、各工种需密切配合，提前做好孔洞的预留，保证预留孔洞、预埋管线的位置准确，避免遗漏，严禁后期凿眼打洞，穿墙、穿楼板管道。施工完应用1:2水泥砂浆堵严，管道周围亦严格使用防火材料填塞密实，然后做相应饰面。
15. 本建筑物的使用年限为50年。
16. 未尽事宜，请遵照国家现行规范和操作规程执行，并及时与设计单位联系。

四、用料说明和室内装修

1. 墙身防潮层：水平防潮层位于-0.060m处，水平防潮层以下砌体内外均做垂直防潮层。防潮层做法为1:2水泥砂浆(内渗水泥用量3%~5%的防水粉)20mm厚抹平，必须捣固密实无空鼓渗浆。
2. 屋面设计：屋面防水等级为II级，防水耐用年限应在15年以上。
3. 外墙面：外墙构造做法详见构造做法表及节点大样图上标注的做法。本工程外墙选用的材料需经设计人选定认可后再进行施工，外墙外抹灰在找平层中加防水砂浆(做法：1:3水泥砂浆内掺5%的防水剂)。
4. 内外墙砌体：(1)外围均采用厚度为240mm的加气混凝土砌块砌筑，内隔墙楼梯间及分户墙为240mm厚，其他墙厚均为200mm厚。
(2)隔墙应按规定设置钢筋混凝土加强带，详见结构施工图。砌体及墙板施工见L96J125有关构造节点及板材厂家的技术安装要求。
(3)所有填充墙(板)均应砌(安装)至梁(板)底，所有内填充墙与框架梁柱交接处必须用ϕ3@50的高强钢丝网沿所有缝钉盖，钢丝网宽度不于小300mm。墙面（包括GRC构件）必须采用ϕ3@50的高强钢丝网满挂，钢筋网固定间距为500mm。
5. 门窗说明：外门窗定位见平面图及立面图，内门定位于开启方向与墙面平齐，室内装修图纸另行设计。
(1)本工程外墙窗采用白色塑钢窗框，中空玻璃(5mm+8mm+5mm)，窗立面及开启方式按门窗表及门窗大样制作。制作材料应符合国家和行业颁布的材料标准，窗的抗风压性能、空气渗透性能、雨水渗漏性能应符合国家标准规定，满足使用要求。
(2)门窗构件应连接牢固，门窗表面不应有明显的擦伤、划伤、碰伤等缺陷，相邻门窗着色表面不应有铝屑、毛屑、油斑或其他污迹，装配连接处不应有外溢的胶黏接。
(3)凡抹灰墙面的门窗洞口均做25mm厚1:2.5水泥砂浆护角线，每边宽50mm，护角线交圈。内墙阳角做法同上，高2000mm。
6. 油漆，(1)木材面油漆：刮腻子，润油粉一遍，满刮腻子，刷油色，硝基漆三遍。
(2)金属面油漆：刷醇酸底漆及锌磺底漆各两遍，刮腻子，刷醇酸磁漆三遍。

三、建筑做法说明

分称	做法说明	备注
散水	参见图集《建筑做法》L96J002 散3 混凝土水泥散水	第2项改为150厚小毛石灌M5水泥砂浆
坡道	参见图集《建筑做法》L96J002 坡3	第3项为140厚C20混凝土
外墙面	参见图集《建筑做法》L96J002 外墙23	基层内加防水砂浆(做法：1:3水泥砂浆内掺5%的防水剂)
瓦屋面	参见图集《建筑做法》L96J002 屋4	
地面	参见图集《建筑做法》L96J002 地29 大理石地面	楼梯间
	参见图集《建筑做法》L96J002 地4 水泥砂浆防潮地面	地面均加150厚小毛石灌M5水泥砂浆垫层
楼面	参见图集《建筑做法》L96J002 楼29 大理石地面	楼梯间，第7项改为大理石
	参见图集《建筑做法》L96J002 楼1#水泥楼面	
	(1)现浇钢筋混凝土楼板； (2)最薄处为20mm厚1:2.5有机硅防水砂浆找平兼找坡1%； (3)1.5mm厚聚氨酯防水涂料(刷三遍)，撒中砂一层粘牢； (4)20mm厚1:2干硬性水泥砂浆结合层； (5)撒素水泥面一层(洒适量清水)； (6)5mm厚1:1细水泥砂浆粘贴地面瓷砖，稀水泥浆填缝；面砖尺寸为400mm×400mm	卫生间
顶棚	参见图集《建筑做法》L96J002 棚4 抹灰顶棚	
内墙	参见图集《建筑做法》L96J002 内墙33 瓷砖到顶	卫生间、厨房
	参见图集《建筑做法》L96J002 内墙5 混合砂浆	其他
踢脚	参见图集《建筑做法》L96J002 踢10	楼梯间，其他部位，用户装修时自己确定
油漆	参见图集《建筑做法》L96J002 油漆41 金属面油漆	乳白色磁漆
	参见图集《建筑做法》L96J002 油漆7 木材面油漆	乳白色磁漆
楼梯栏杆	参见图集《楼梯配件》L96J401 P17金属扶手金属栏杆(白钢扶手)	室内楼梯
落水管	参见图集《屋面》(L01J202)	
窗台	参见图集《室内装修》(L96J901) P55-E	大理石窗台板

图5-1 建施01

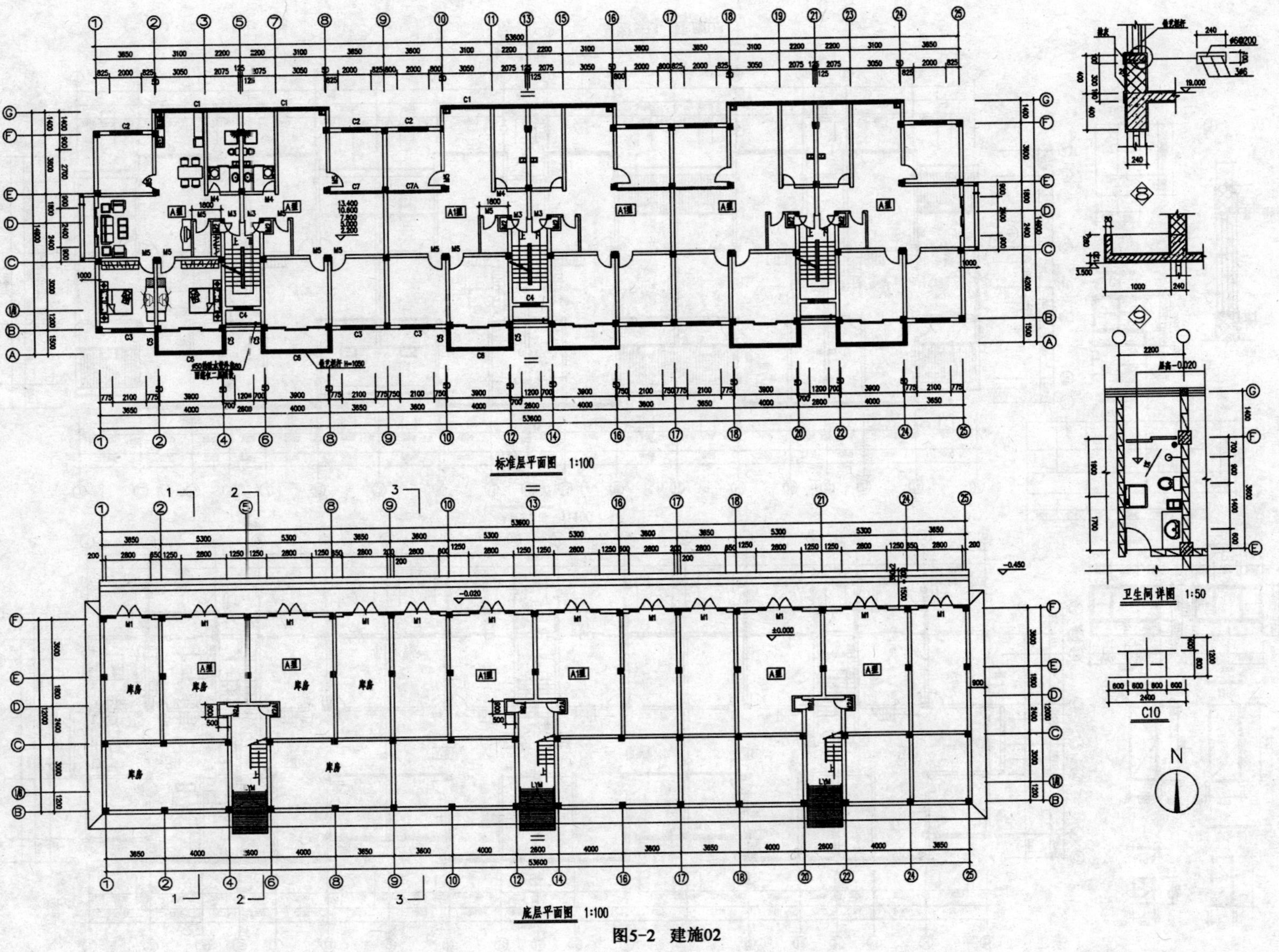

图5-2 建施02

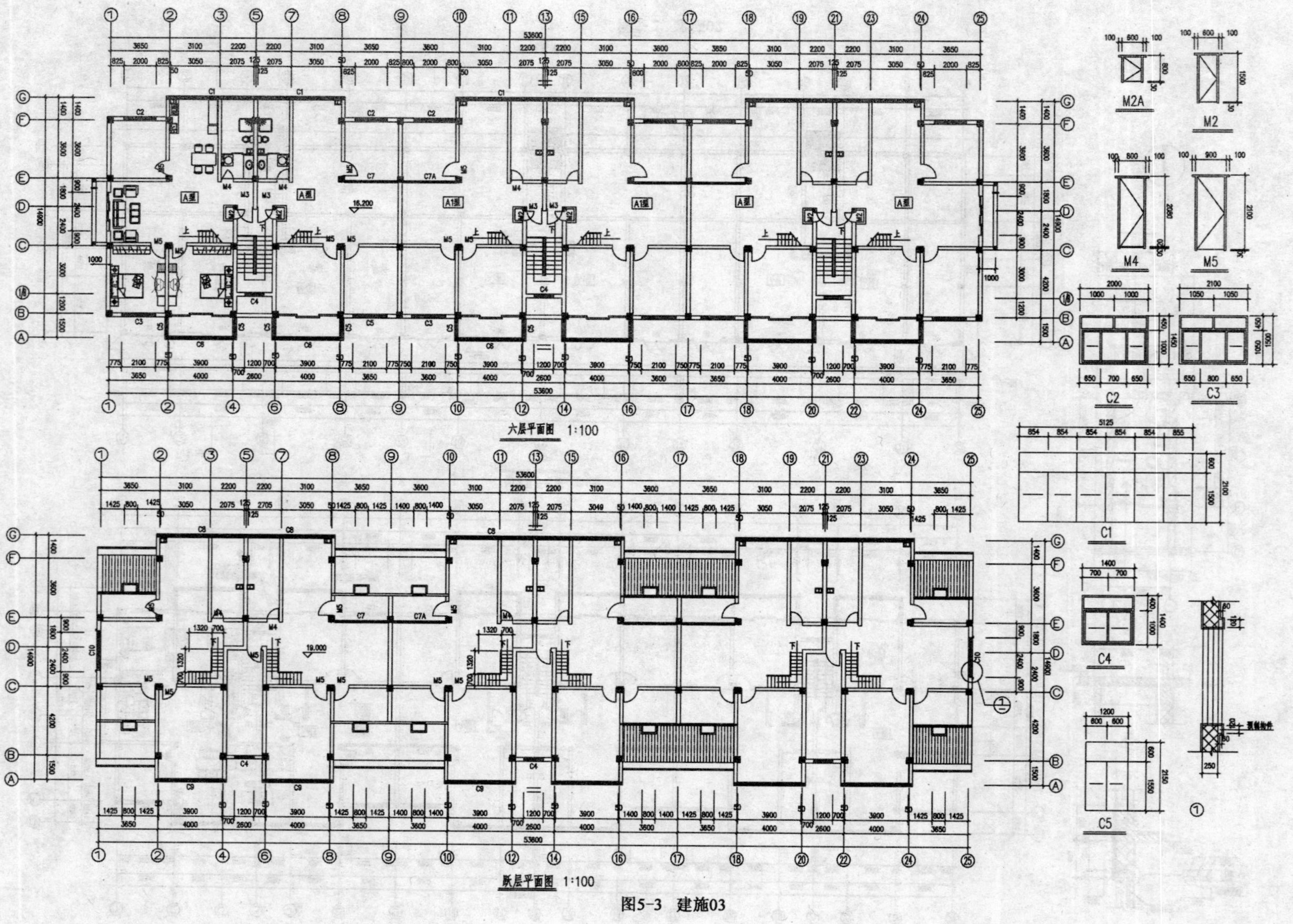

图5-3 建施03

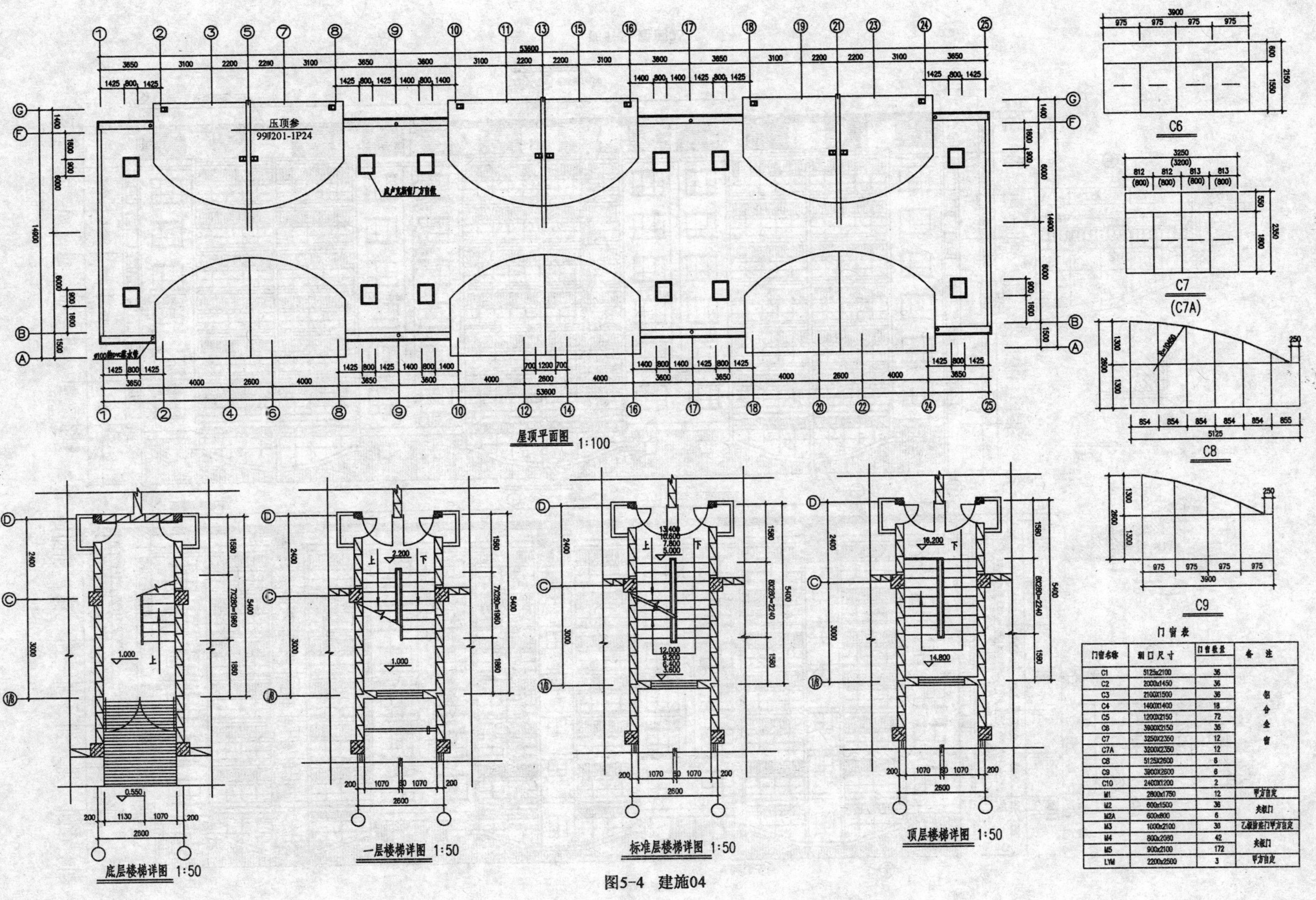

门窗表

门窗名称	洞口尺寸	门窗数量	备注
C1	5125x2100	36	铝合金窗
C2	2000x1450	36	
C3	2100X1500	36	
C4	1400X1400	18	
C5	1200X2150	72	
C6	3900X2150	36	
C7	3250X2350	12	
C7A	3200X2350	12	
C8	5125X2600	6	
C9	3900X2600	6	
C10	2400X1200	2	
M1	2800x1750	12	甲方自定
M2	600x1500	36	夹板门
M2A	600x800	6	
M3	1000x2100	38	乙级防火门甲方自定
M4	800x2080	42	夹板门
M5	900x2100	172	
LYM	2200x2500	3	甲方自定

图5-4 建施04

红色英红瓦
白色涂料
橘红色涂料
棕色仿石面砖
①-㉕立面图1:100
㉕-①立面图1:100
53600
踏步大样
b为踏步宽，h为踏步高
金钢砂
基面
凸基面60
凸基面30
(预制构件)

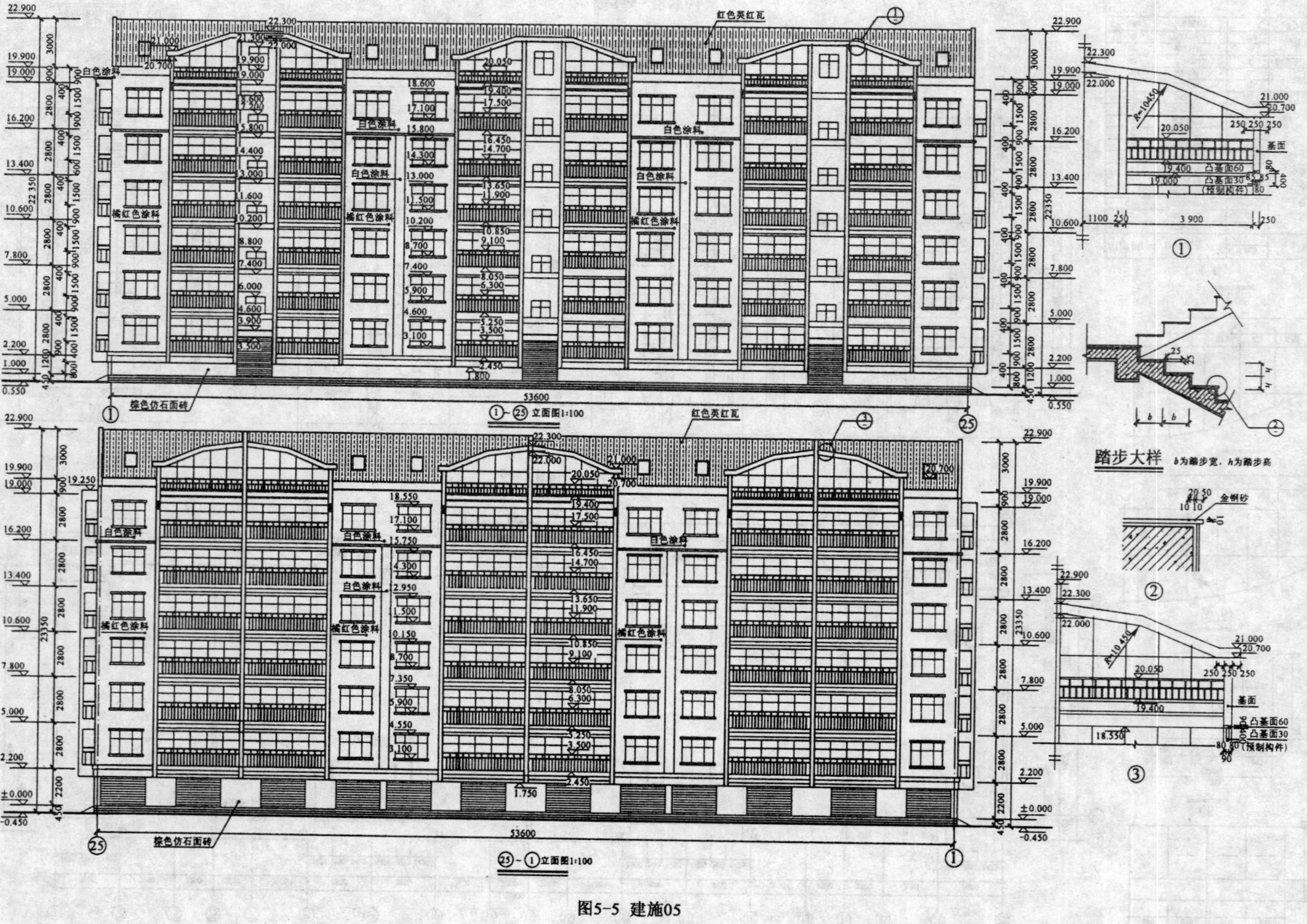

图5-5 建施05

1-1 剖面图 1:100
2-2 剖面图 1:100
3-3 剖面图 1:100
Ⓑ~Ⓕ 轴立面图 1:100
Ⓕ~Ⓑ 轴立面图 1:100
白色涂料
红色英红瓦
橘红色涂料
棕色仿石面砖
L96J002 4
做法详99J201-1P27 Ⓖ

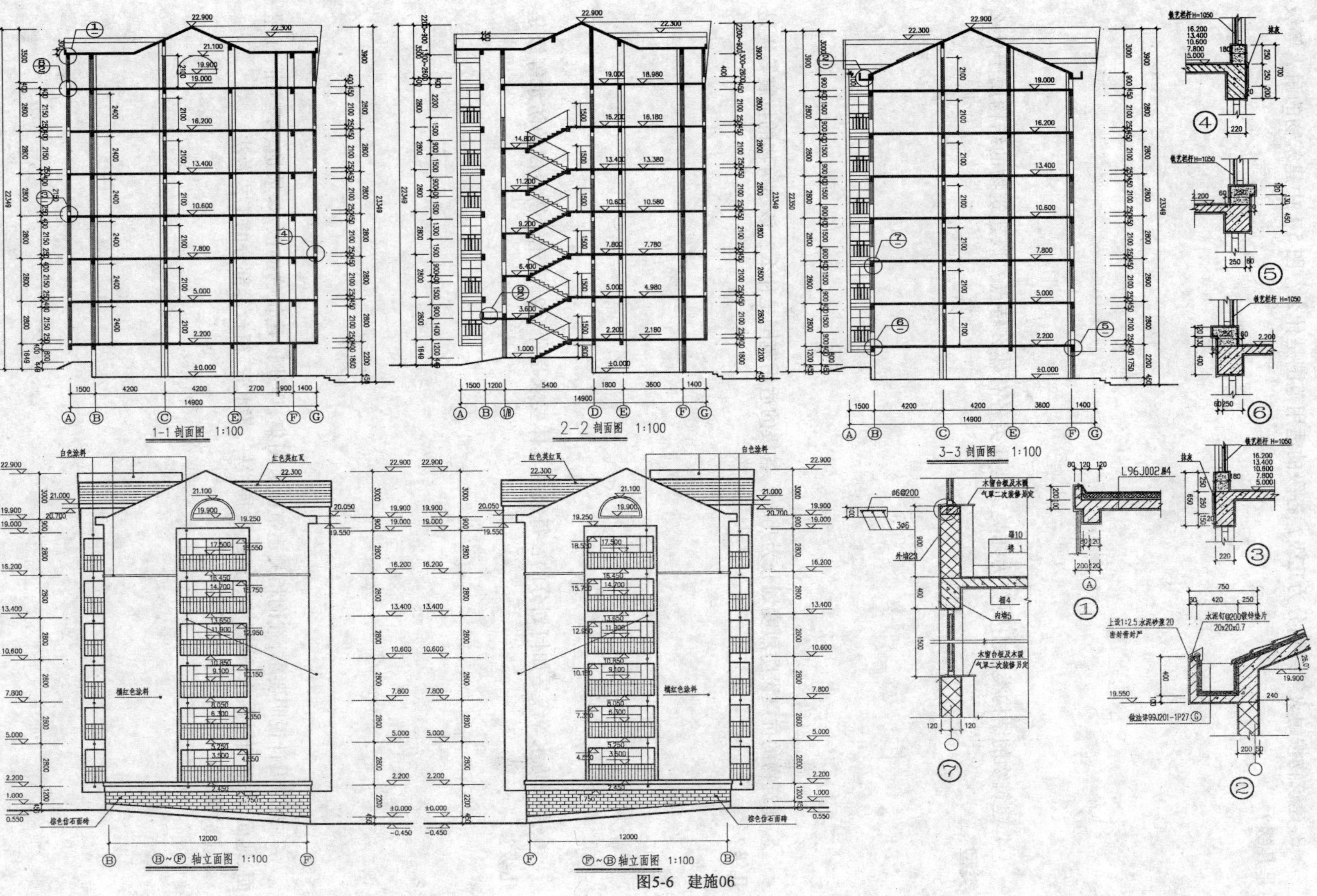

图5-6 建施06

3. 建筑物按耐火等级划分为几级？各级的适用范围是什么？图 5-1 中建筑物的耐火等级是几级？

4. 建筑物的结构类型主要分为几类？这几类各有什么特点？该建筑物的结构属于什么类型？

5. 建筑物的抗震设防烈度划分为几级？各级的适用范围是什么？该建筑物的抗震等级是几级？

6. 屋面防水等级是如何划分的？每级的具体要求是什么？该建筑物屋面的防水等级是几级？

7. 按照设计说明要求，查询相关建筑做法图集，详述该建筑物的散水、坡道、外墙面、瓦屋面、地面、楼面、顶棚、内墙、踢脚、油漆、楼梯栏杆、落水管、窗台等部分的工艺做法。

(1)散水：

(2)坡道：

(3)外墙面：

(4)瓦屋面：

(5)地面：

(6)楼面：

(7)顶棚：

(8)内墙：

(9)踢脚：

(10)油漆：

(11)楼梯栏杆：

(12)落水管：

(13)窗台：

(二)任务准备

在准备阶段,学生针对本项任务内容,以小组合作的方式独立查找与任务相关的信息,制订工作计划,做好本项任务准备。本项任务准备的主要内容有:学习准备和资料的准备。

1. 学习准备。

2. 资料的准备(参见建筑设计说明图 5-1)。

(三)任务实施

1. 该套建筑施工图(图 5-1 ~ 图 5-6)包括哪些内容?

2. 平面图(图 5-2 ~ 图 5-4)上如图 5-7 所示的符号代表什么内容?它是如何进行编号的?

图 5-7

3. 平面图(图 5-2 ~ 图 5-4)上如图 5-8 所示的符号代表什么内容?它是如何进行编号的?

图 5-8

4. 平面图(图 5-2 ~ 图 5-4)上如图 5-9 所示的符号代表什么内容?为什么要这样进行编号?

图 5-9

5. 请将标准层平面图(图 5-2)上⑭～㉕轴网间(图 5-10)的门窗补充完整。

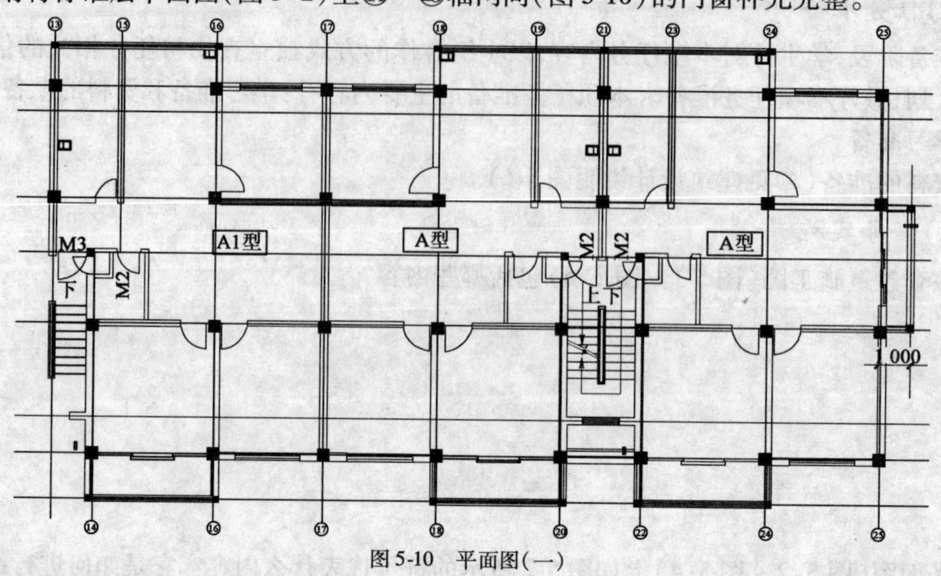

图 5-10　平面图(一)

6. 外墙、内隔墙、楼梯间、分户墙和其他内墙厚度分别是多少？并在图 5-11 中将各种类型的墙标注出来。

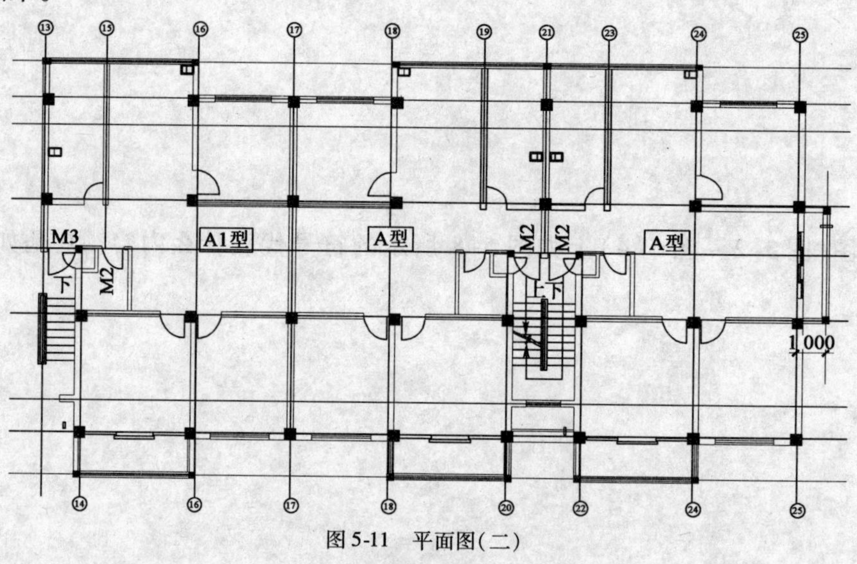

图 5-11　平面图(二)

7. 标准层平面图(图 5-2)中如图 5-12 所示的符号表示什么？单位是多少？

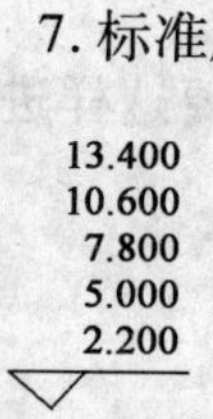

13.400
10.600
7.800
5.000
2.200

图 5-12

8. 底层平面图(图 5-2)中如图 5-13 所示的图示代表什么?

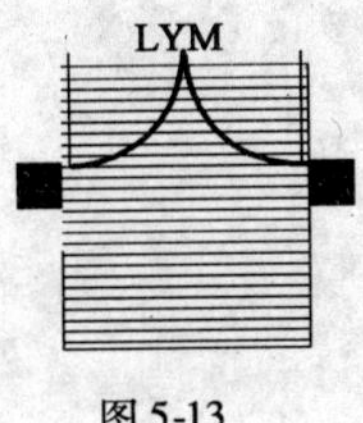

图 5-13

9. 底层平面图中(图 5-2)如图 5-14 所示的图示表示什么?

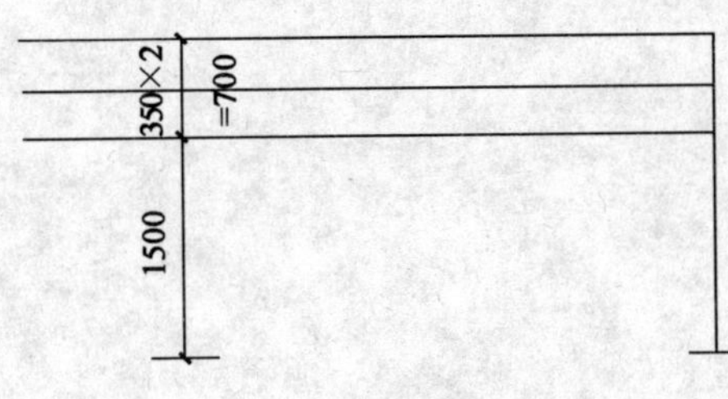

图 5-14

10. 底层平面图(图 5-2)上室内外共标注了几个标高?室内外这两个标高差来自哪里?

11. 底层平面图(图 5-2)上有几个剖切符号?各自剖切到了建筑的哪些位置?各自的剖切方向是什么?

12. 六层平面图(图 5-3)和标准层平面图(图 5-2)有哪些不同的地方?

13. 请将跃层平面图(图 5-3)中如图 5-15 所示的图示部分表示的内容标注出来。

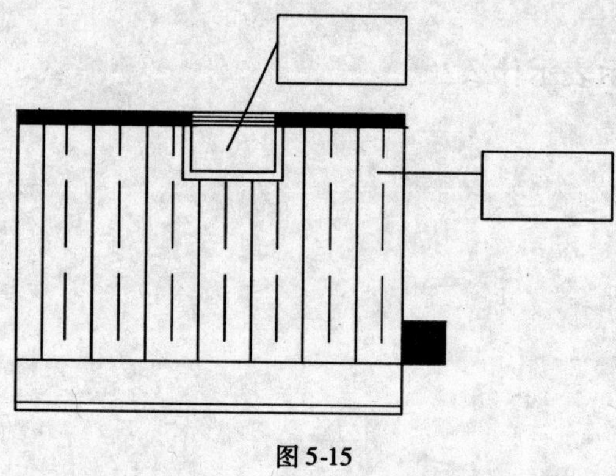

图 5-15

14. 请作出如图 5-16 所示中圈出部分的大样图。

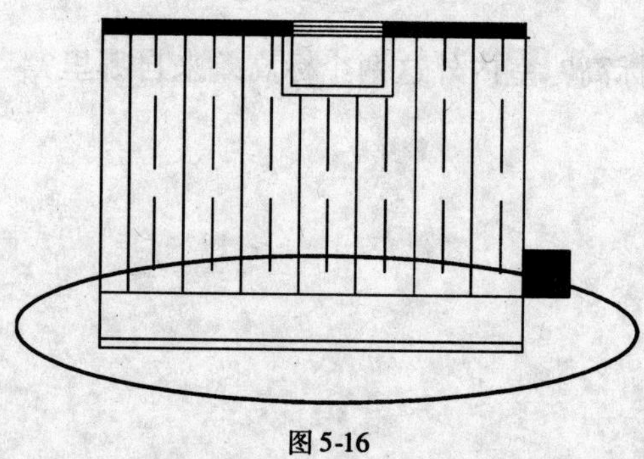

图 5-16

15. 跃层平面图(图 5-3)中如图 5-17 所示的图示表示什么?

图 5-17

16. 查询相关资料，指出屋顶平面图（图 5-4）中如图 5-18 所示的标注表示内容的做法。

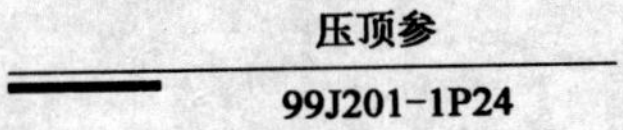

压顶参

99J201-1P24

图 5-18

17. 图 5-5 中①～㉕轴立面图表示的是建筑的哪个立面？

18. 图 5-5 中如图 5-19 所示的符号表示什么？

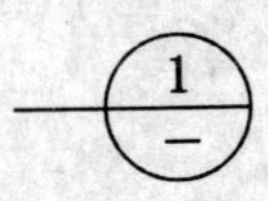

图 5-19

19. 如图 5-5 所示的踏步大样图中，踏步的宽、高各是多少？

20. 图 5-5 的③大样中“凸基面 60”表示什么？

21. 图 5-6 中Ⓑ～Ⓕ轴立面图表示的是建筑的哪个立面？

22. 图 5-6 中如图 5-20 所示的符号表示什么？

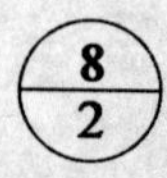

图 5-20

23. 查询相关资料，指出图 5-6 的②大样中“做法详 99J201-1P27”的做法。

四、任务评价

1. 完成表 5-1 的填写。

任 务 评 价 表　　表 5-1

考核项目	分数			学生自评	小组互评	教师评价	小计
	差	中	好				
是否具备团队合作精神	1	3	5				
是否积极参与活动	1	3	5				
工作过程安排是否合理规范	2	10	18				
陈述是否完整、清晰	1	3	5				
是否正确灵活运用已学知识	2	6	10				
是否遵守劳动纪律	1	3	5				
图线绘制是否规范	2	4	6				
作图是否准确	2	4	6				
总计	12	36	60				
教师签字：				年　月　日		得分	

2. 自我总结。

(1)完成此次任务过程中存在的主要问题有哪些?

(2)产生问题的原因有哪些?

(3)请提出相应的解决方法:

(4)你认为还需加强哪方面的学习(可从实际工作过程及理论知识方面考虑)?

学习任务6　用CAD绘制专业建筑施工图

一、任务描述

AutoCAD2004 是专门用于计算机辅助设计的软件。因它具有强大的绘图功能以及可视化的操作界面，所以给绘图者带来了极大的方便，并在工程绘图领域得到了广泛运用。本任务要求能用 CAD 软件绘制如图 6-1、图 6-2 所示的建筑施工图。

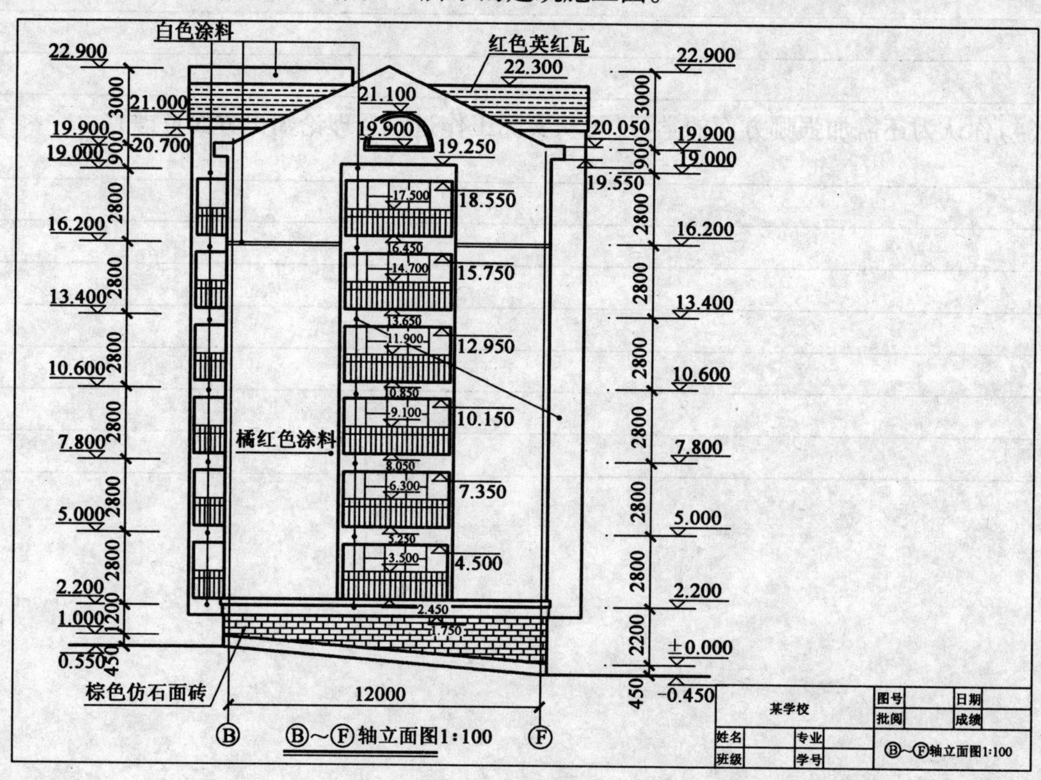

图 6-1　建筑平面图

注意事项：

1. 同一张图纸内，相同比例的各图样，应选用相同的线宽组。

2. 相互平行的图线，其间隙不宜小于其中的粗线宽度，且不宜小于 0.7mm。

3. 单点长画线或双点长画线，当在较小图形中绘制有困难时，可用实线代替。

4. 单点长画线或双点长画线的两端不应是点；点画线与点画线交接或点画线与其他图线交接时，应是线段交接。

5. 虚线与虚线交接或虚线与其他图线交接时，应是线段交接。虚线为实线的延长线时，不得与实线交接。

6. 图线不得与文字、数字或符号重叠、混淆，不可避免时，应首先保证文字、数字或符号等的清晰。

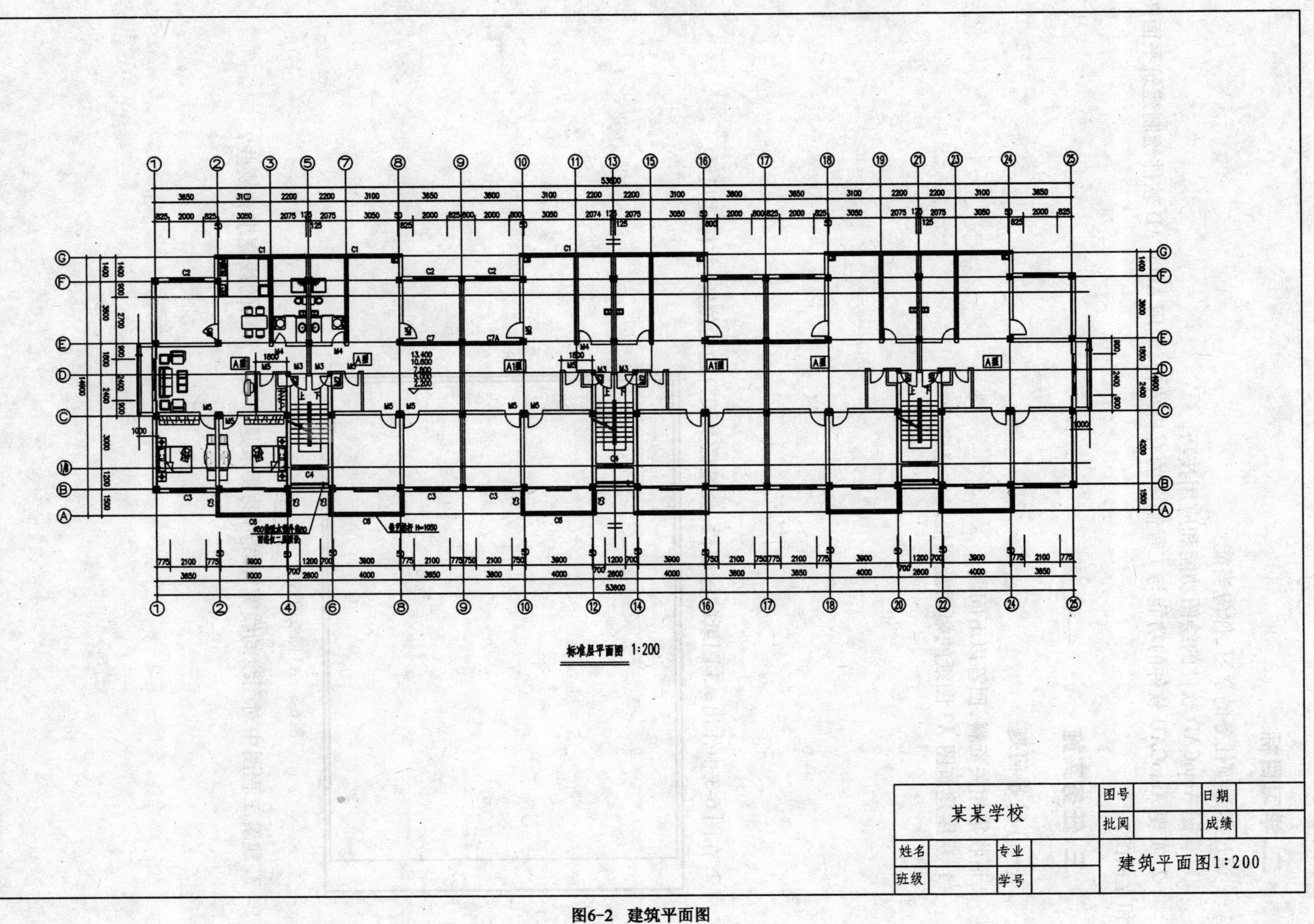

图6-2 建筑平面图

二、学习目标

通过本专项任务的学习，你应当能：

1. 掌握 AutoCAD 软件的绘图功能和应用技巧。

2. 实现 AutoCAD 软件的功能与工程制图的有机结合，能用 AutoCAD 软件绘制建筑平面图和立面图。

三、任务实施

（一）引导问题

请收集相关资料，回答以下问题。

1. 房屋建筑图 A3 图纸的幅面及图框尺寸是多少？

2. 在图 6-3 中作出 A3 图纸的标题栏、会签栏及装订边的位置，并标注尺寸。

图 6-3　A3 图纸的图框

3. 建筑工程图中对图线的线宽和线形的要求是什么？常用的线宽组有哪些？

4. 图纸上对字体、数字或符号主要有哪些规范要求？

5. 图样中的比例指什么？比例符号是什么？比例应注写在图纸上的哪个位置？对比例的字体及大小有什么要求？

6. 图纸中的剖切符号应符合哪些规范要求？

7.《建筑制图标准》(GB/T 50104—2001)对索引符号、详图符号有哪些规范要求？

8. 建筑制图中的引出线应符合哪些规范要求？

9. 如何绘制规范的对称符号、连接符号和指北针符号？

10. 定位轴线通常用什么线形绘制？如何对定位轴线和附加定位轴线进行编号？圆形平面图和折线形平面图中的定位轴线应如何编号？

11.《建筑制图标准》(GB/T 50104—2001)对建筑图例的画法有哪些要求？

12. 房屋建筑图应按正投影法来绘制，那么建筑平面图是三面正投影中的哪面投影？建筑立面图又是三面正投影中的哪面投影？

13. 如何绘制剖面图和断面图？它们的区别是什么？确定剖切位置和断面位置时要注意哪些问题？

14.《建筑制图标准》(GB/T 50104—2001)对尺寸标注有哪些要求？如何绘制符合规范要求的标高符号？在建筑施工图中，哪些图上需要标注标高？

(二)任务准备

在准备阶段，学生针对本项任务内容，以小组合作的方式独立查找与任务相关的信息，制订工作计划，做好本项任务准备。本项任务准备的主要内容有：学习准备和制图软件 AutoCAD2004 的准备及其基本操作命令的掌握。

1. 学习准备。

2. 制图软件的准备包括：电脑一台；安装专业制图软件 AutoCAD2004；打开软件，出现 AutoCAD2004的工作界面。

3. 制图软件 AutoCAD2004 基本操作命令的掌握。

(1)用绘图工具栏中的绘图命令，以及绘图辅助工具(“栅格”和“捕捉”、“对象追踪”、“自动追踪”以及“查询”命令)绘制图 6-4 中的图形。

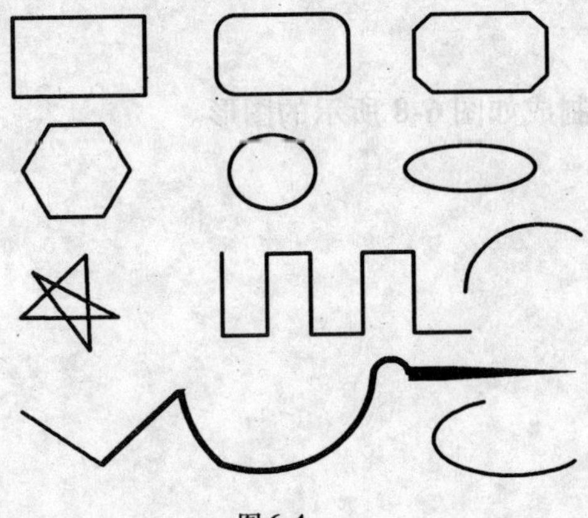

图 6-4

（2）在 CAD 软件绘图中，复制命令有几种操作方法？请用复制命令准确绘制成如图 6-5 所示的图形。

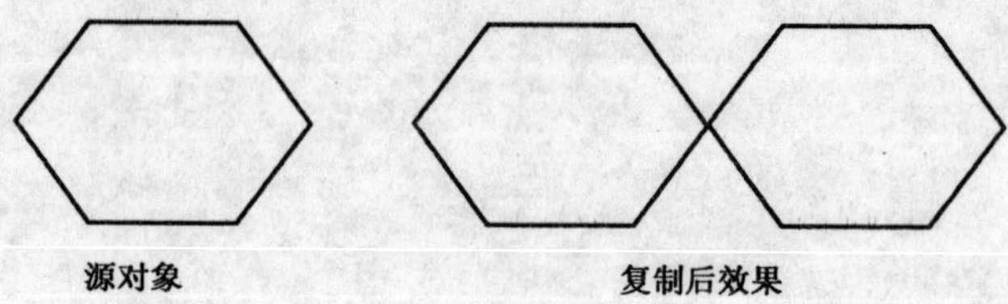

图 6-5

（3）如何使用镜像命令？请用镜像命令准确绘制成如图 6-6 所示的图形。

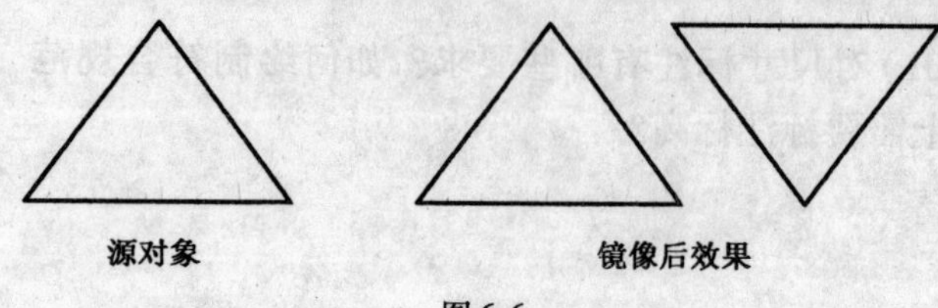

图 6-6

（4）如何使用阵列命令？请用阵列命令准确绘制成如图 6-7 所示的图形。

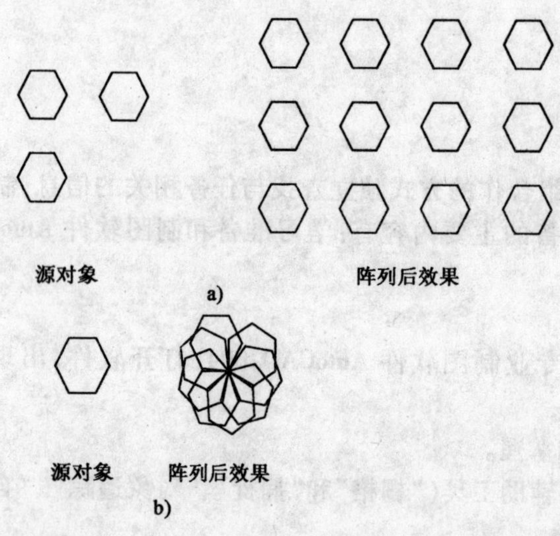

图 6-7

（5）如何使用偏移命令？请用偏移命令准确绘制成如图 6-8 所示的图形。

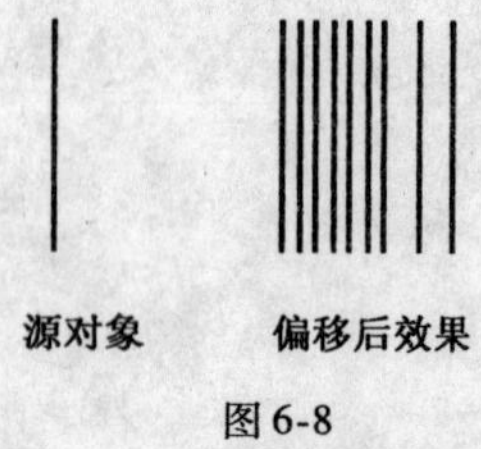

图 6-8

(6)如何使用旋转命令？请用旋转命令准确绘制成如图 6-9 所示的图形。

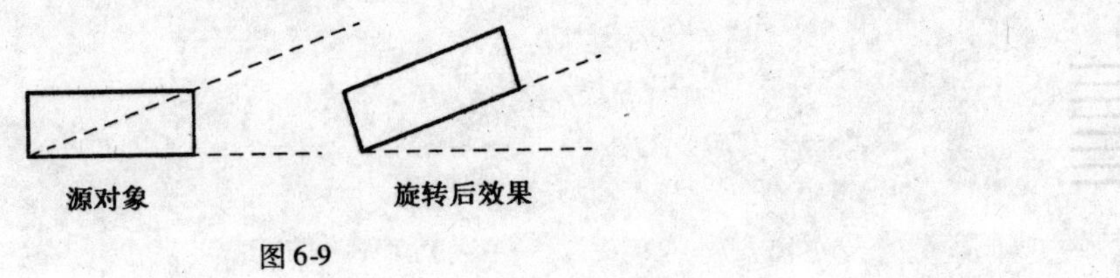

图 6-9

(7)如何使用缩放命令？请用缩放命令准确绘制成如图 6-10 所示的图形。

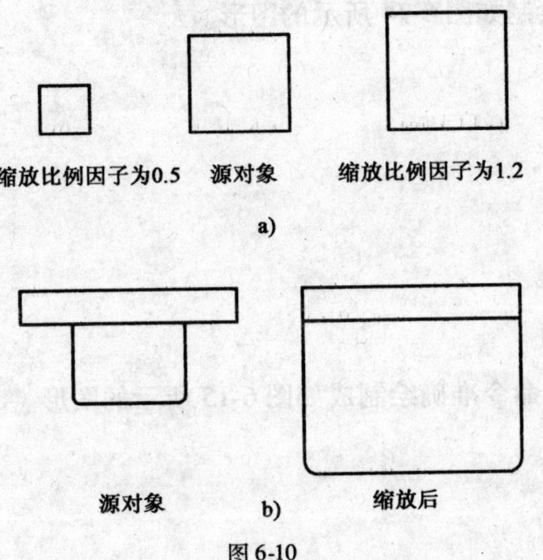

图 6-10

(8)如何使用拉伸命令？请用拉伸命令准确绘制成如图 6-11 所示的图形。

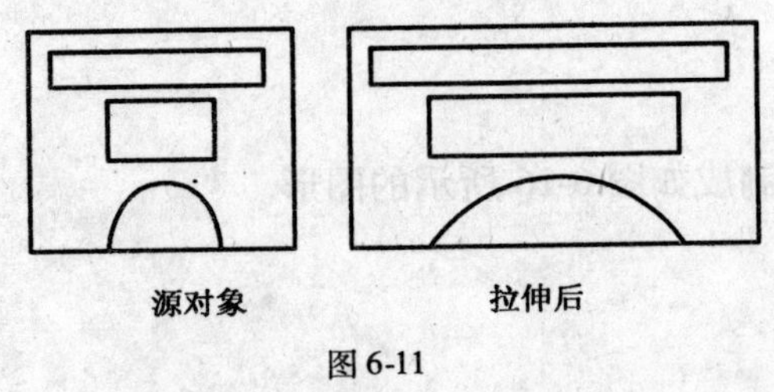

图 6-11

(9)如何使用修剪命令？请用修剪命令准确绘制成如图 6-12 所示的图形。

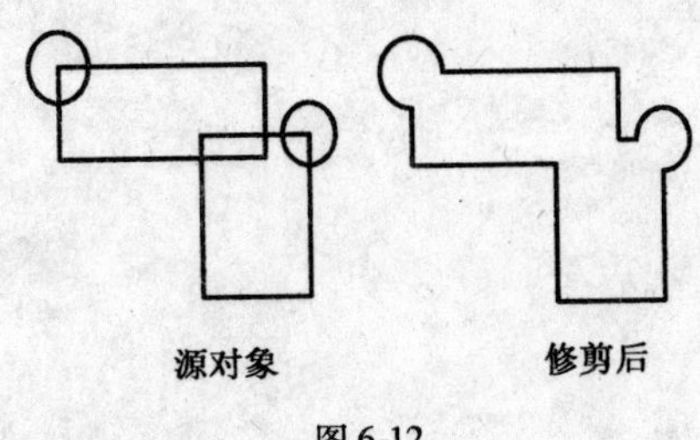

图 6-12

(10)如何使用延伸命令？请用延伸命令准确绘制成如图 6-13 所示的图形。

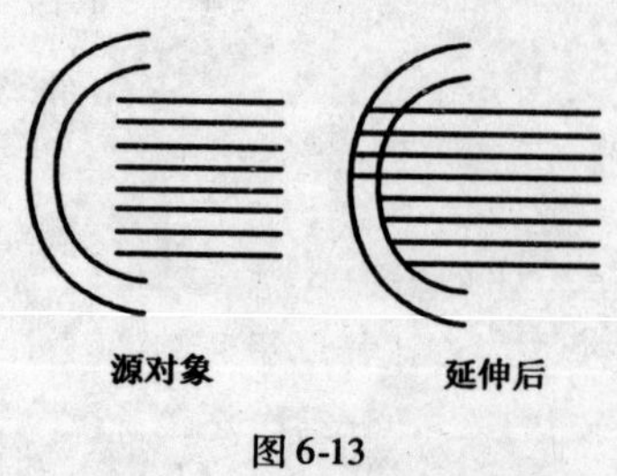

图 6-13

(11)如何使用打断命令？请用打断命令准确绘制如图 6-14 所示的图形。

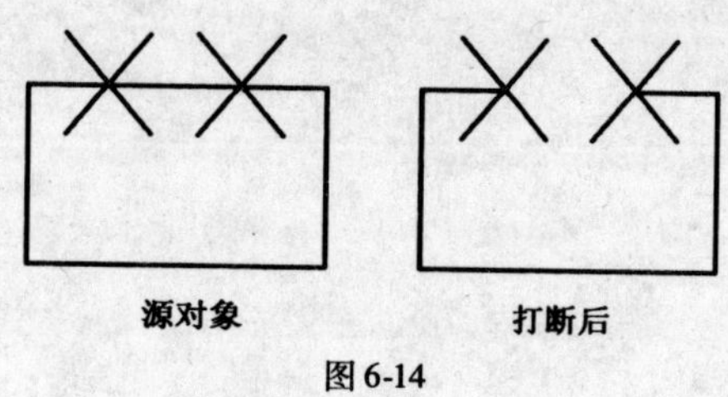

图 6-14

(12)如何使用倒角、圆角命令？请用倒角、圆角命令准确绘制成如图 6-15 所示的图形。

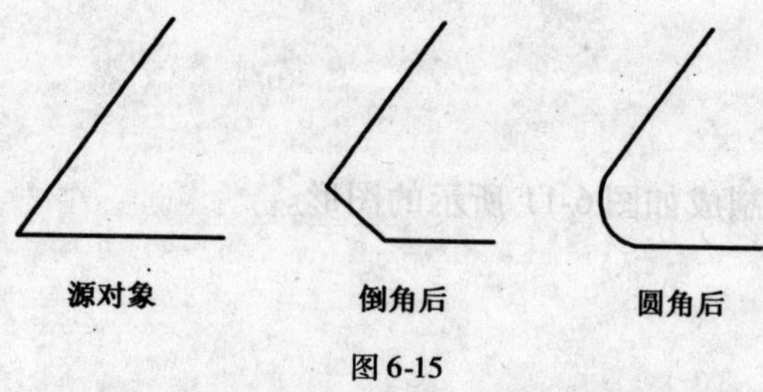

图 6-15

(13)如何使用多线命令？请用多线命令准确绘制成如图 6-16 所示的图形。

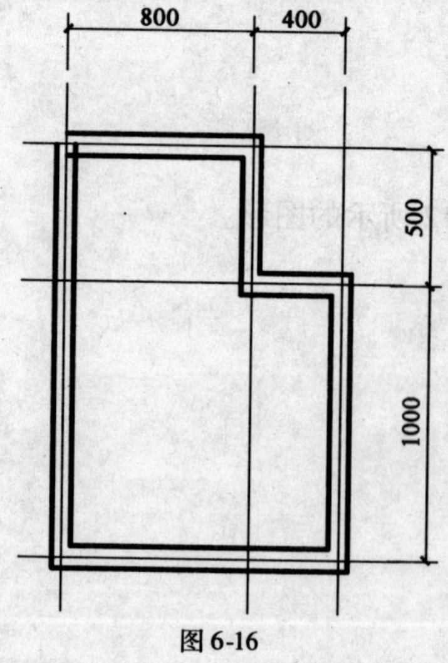

图 6-16

(14)使用分解和倒角命令将如图 6-16 所示的图形修改为如图 6-17 所示的图形。

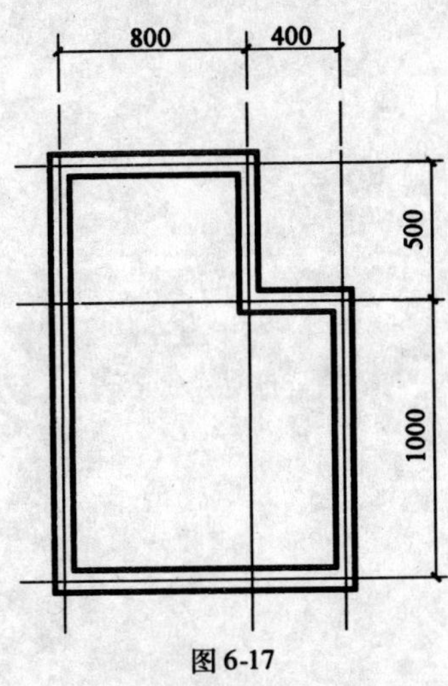

图 6-17

(15)绘制如图 6-18 所示图形,并进行文字和尺寸标注。

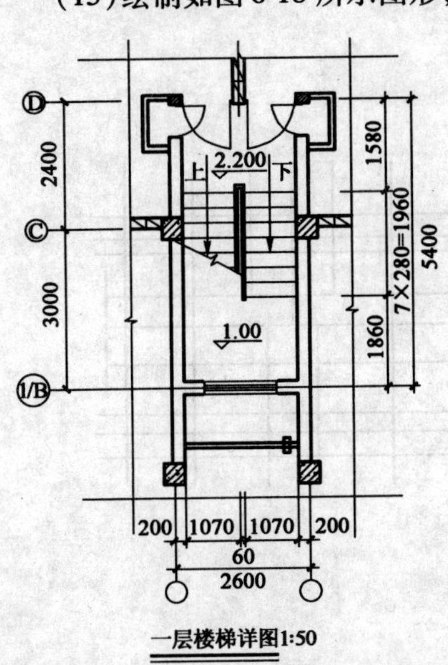

图 纸 目 录

工程名称：乳山市东风花园小区住宅楼4#				
编号	图别	图 纸 内 容	规格	备注
01	建施01	建筑说明；图纸目录	1#	
02	建施02	底层平面图；标准层平面图；详图	1#	
03	建施03	六层平面图；跃层平面图；详图	1#	
04	建施04	屋顶平面图；详图；门窗表	1#	
05	建施05	①~㉕、㉕~①轴立面图；详图	1#	
06	建施06	侧立面图；剖面图；详图	1#	

图 6-18

(16)定义不同的线形和图层,绘制如图 6-19 所示的图形。

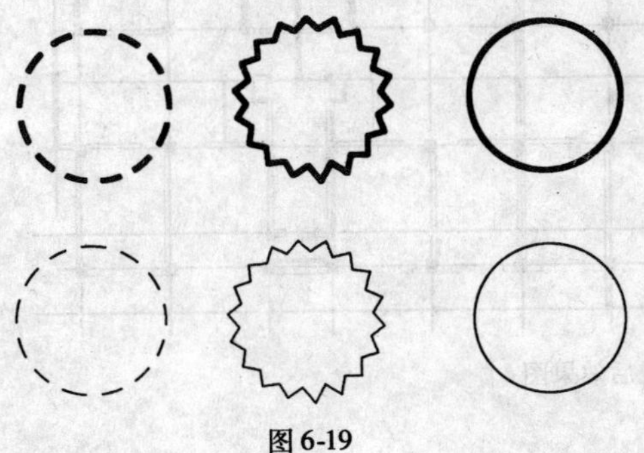

图 6-19

(17)运用图案填充命令,绘制如图 6-20 所示的图形。

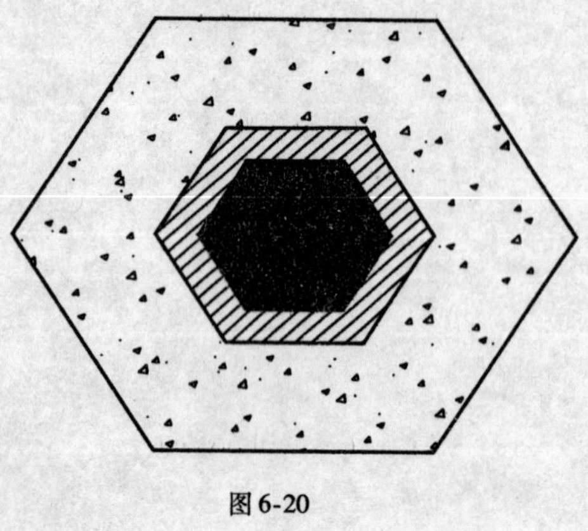

图 6-20

(三)任务实施

1. 绘制如图 6-2 所示的建筑平面图,绘制步骤如下。

(1)绘制轴线(图 6-21)。

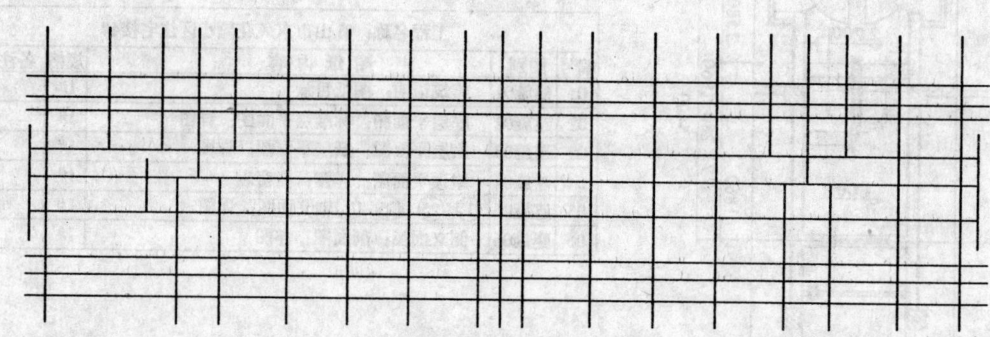

图 6-21　轴线图

(2)绘制柱子和墙线(图 6-22)。

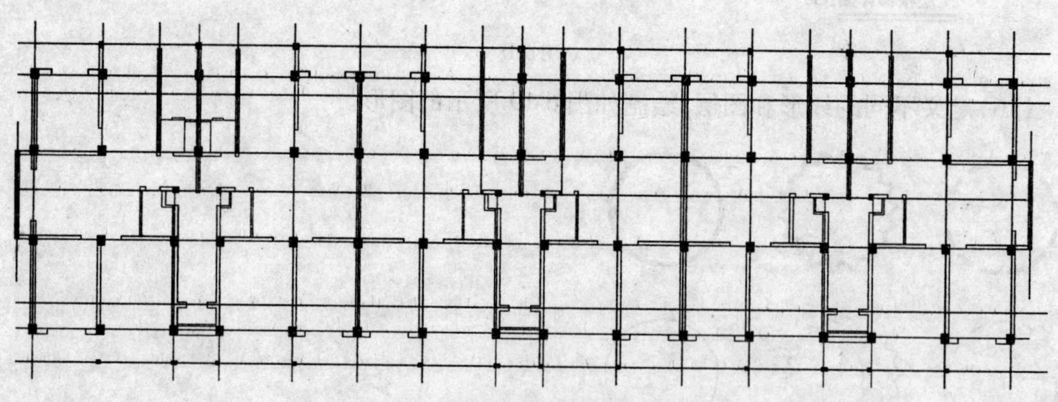

图 6-22　绘制柱子和墙线后效果图

(3)绘制门窗和楼梯(图6-23)。

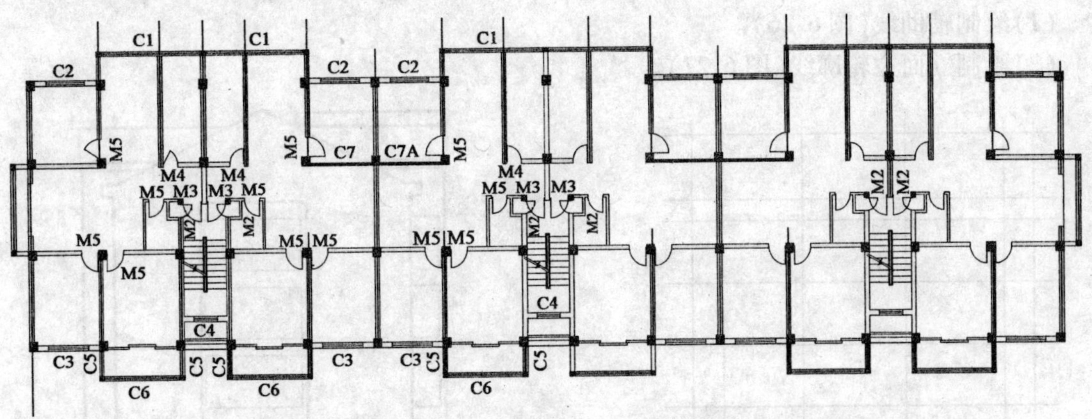

图6-23　绘制门窗和楼梯后效果图

(4)插入家具等配景(图6-24)。

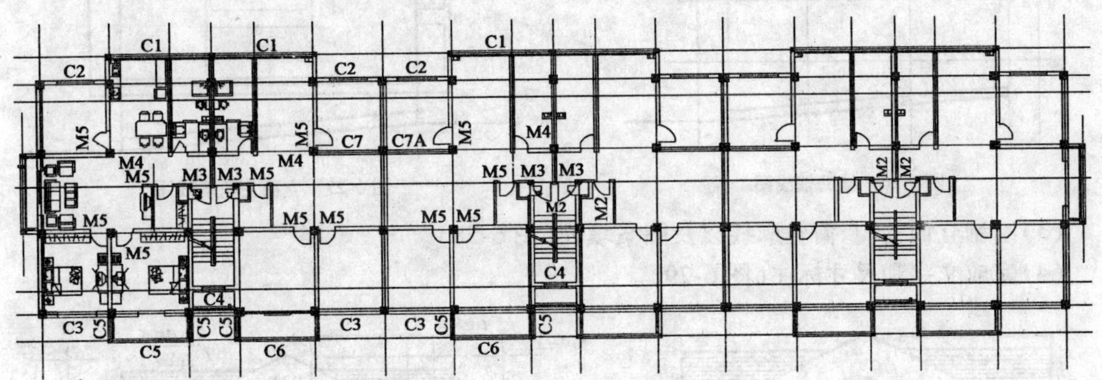

图6-24　插入家具配景后效果图

(5)完成文字和尺寸标注(图6-25)。

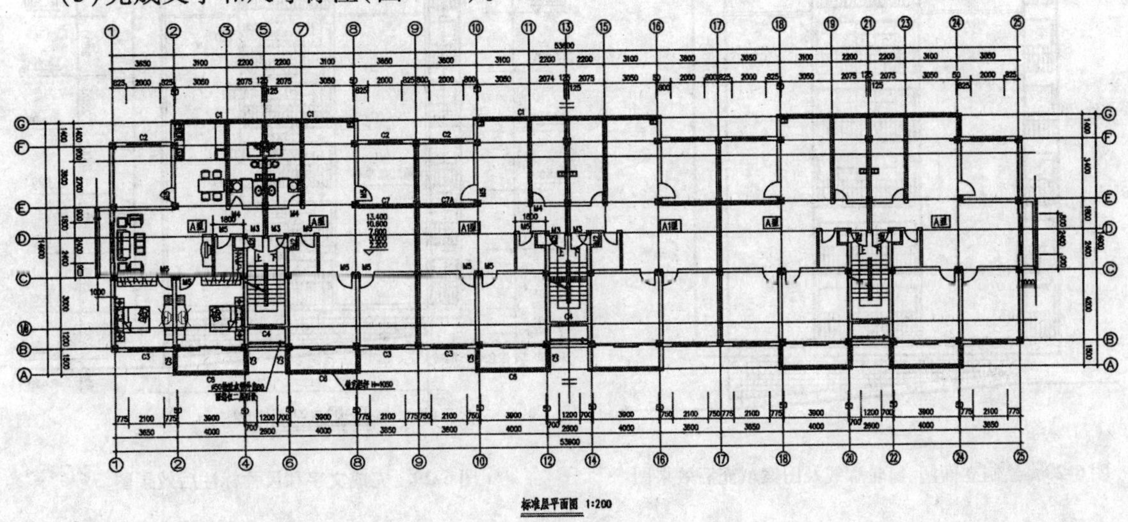

图6-25　完成文字和尺寸标注后效果图

2. 绘制如图 6-1 所示的建筑立面图，绘制步骤如下。

(1)绘制辅助线(图 6-26)。

(2)绘制立面主轮廓线(图 6-27)。

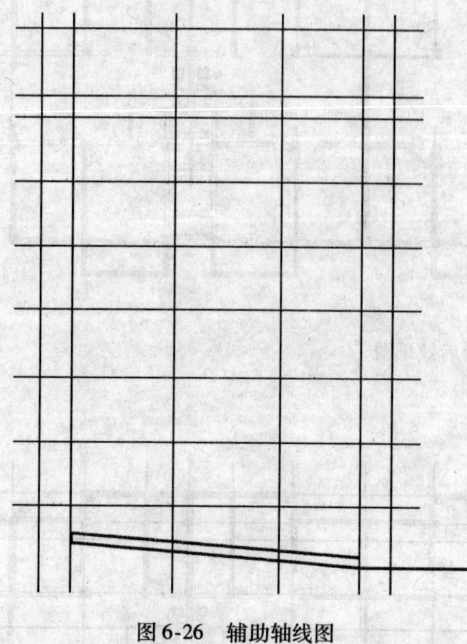

图 6-26　辅助轴线图

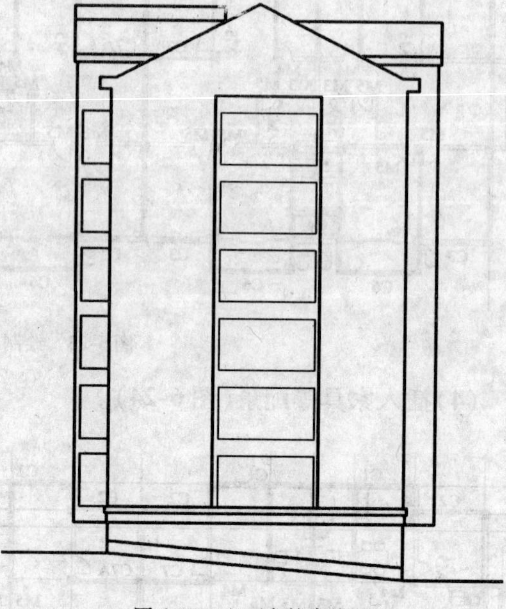

图 6-27　立面主轮廓线图

(3)绘制立面的门、窗轮廓线以及图案填充(图 6-28)。

(4)完成文字和尺寸标注(图 6-29)。

图 6-28　绘制立面门、窗轮廓线及图案填充后效果图

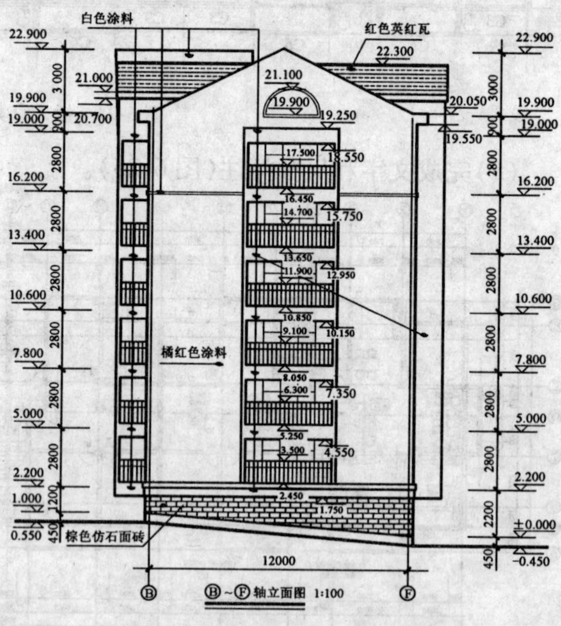

图 6-29　完成文字和尺寸标注后效果图

3. 绘制一个 A3 图框并将它放大 200 倍，将做好的建筑平面图放到图框中(图 6-1)。设置好线形并将图打印到 A3 图纸上。

4. 绘制一个 A3 图框并将它放大 100 倍，将做好的建筑立面图放到图框中(图 6-2)。设置好线形并将图打印到 A3 图纸上。

四、任务评价

1. 完成表 6-1 的填写。

表 6-1

任务评价表

考核项目	分数			学生自评	小组互评	教师评价	小计
	差	中	好				
是否具备团队合作精神	1	3	5				
是否积极参与活动	1	3	5				
工作过程安排是否合理规范	2	10	18				
陈述是否完整、清晰	1	3	5				
是否正确灵活运用已学知识	2	6	10				
是否遵守劳动纪律	1	3	5				
图线绘制是否规范	2	4	6				
作图是否准确	2	4	6				
总计	12	36	60				
教师签字：				年 月 日		得分	

2. 自我总结。

(1)完成此次任务过程中存在的主要问题有哪些?

(2)产生问题的原因有哪些?

(3)请提出相应的解决方法：

(4)你认为还需加强哪方面的学习(可从实际工作过程及理论知识方面考虑)?

参考文献

[1] 中华人民共和国国家标准. GB/T 50001—2001 房屋建筑制图标准[S]. 北京:中国计划出版社,2002.

[2] 赖文辉. 建筑 CAD[M]. 重庆:重庆大学出版社,2004.

[3] 范幸义. 建筑工程 CAD 制图教程[M]. 重庆:重庆大学出版社,2008.

[4] 白丽红. 建筑工程制图与识图[M]. 北京:北京大学出版社,2009.

[5] 赵研. 建筑识图与构造[M]. 北京:中国建筑工业出版社,2008.

[6] 毛家华. 建筑工程制图与识图[M]. 北京:高等教育出版社,2006.